U0210856

# 城市公共设施系统设计研究

Research of City Public Facilities System Design

王昀 著

中国建筑工业出版社

**图书在版编目（CIP）数据**

城市公共设施系统设计研究／王昀著．—北京：中国建筑工业出版社，2016.3

ISBN 978-7-112-19215-1

Ⅰ.①城… Ⅱ.①王… Ⅲ.①城市公用设施－环境设计－研究 Ⅳ.①TU984

中国版本图书馆CIP数据核字（2016）第042074号

责任编辑：李东禧　唐　旭　陈仁杰
书籍设计：锋尚制版
责任校对：刘　钰　李欣慰

城市公共设施系统设计研究
王　昀　著
*
中国建筑工业出版社出版、发行（北京西郊百万庄）
各地新华书店、建筑书店经销
北京锋尚制版有限公司制版
北京顺诚彩色印刷有限公司印刷
*
开本：787×1092毫米　1/16　印张：13¾　字数：210千字
2016年7月第一版　2016年7月第一次印刷
定价：58.00元
ISBN 978－7－112－19215－1
（28442）

# 前言
# p r e f a c e

伴随着人类城市化进程的不断发展，社会经济、科学技术、产业结构、空间格局、城市文化与生活方式等各个方面均不断变迁，回望城市建设发展长河，城市公共设施一直处于附属性、边缘性乃至单体化、碎片化的状态，面对美丽城市、智慧城市等以高度系统化思路为基本出发点的今天，我们惯习的城市公共设施建设与工作思路，已不能很好适应迅猛变化中的现实需求，亟待对城市公共设施的概念分类、目标价值、内容层次、设计体系等方面进行重新的梳理。

本书从设计学科的研究视域出发，以笔者十多年来城市公共设施设计实践为工作基础，进行从产品设计、生产制造，以及城市形象与运营管理等系统研究，以期回应当下城市建设及人们对生活品质的愿景诉求。本次研究立足于城市建设发展的自然需求、公共设施完善的自我需求，以及设计实践研究的自觉需求，对国内外公共设施相关领域研究现状进行剖析，结合城市基础设施、城市家具、城市公共装备等概念与属性的比较，认为不应再以通常的行业、产业或专业的边界划分进行城市公共设施的设计工作，这易造成城市公共设施系统及其单体的无形区隔与盲点。我们须以系统活化的方式来看待此事，重新界定城市公共设施设计工作的切分点，建构一种城市生活中的“人、事、场、物”交互界面系统。

由此，对城市公共设施的设计思考，便从城市建设回归到人为事物的设计本质。通过城市公共设施与一般产品的设计比较，以及设计历史、生活需求等方面价值观的设计反思，认为城市公共设施设计价值链应该向生产端和市场端进行双向延伸，形成更具深度和内涵的广义系统设计观。继而，依据对城市公共设施系统设计的要素、层次、结构等分析，以及其表征层、生成层、根源层等内在解析，提出城市公共设施系统可打通重组为本体、外延、顶层等三个层次构成的综合体系。其中，本体系统主要指向城市文化导向、产品种类梳理，以及城市区域布局与场所布置等设计，外延系统主要指向生产制造、产品族基因、产品识别及运行管理与城市服务等设计，顶层系统主要从城市总体设计角度出发，关注用户需求、设计创新与评价，进行从宏观到微观的全产业链系统设计。

现代城市建设管理正在日益趋向服务型城市管理方式，城市公共设施也不应例外，我们强调城市公共设施设计的实质是一种为大众的城市公共服务产品设计，提倡城市管理者与专业工作者双设计师联合导引下的人人设计协同创新观，促进以城市生活需求为基础的城市公共设施分类与管理活化，建设开放且多层次的城市公共设施设计体系，打造城市与产品双品牌共建导向下的共享共通系统环境。

本书撰写力求设计实践与理论思考相统一、研究实验与应用创新相结合，在城市设计、环境设计、艺术设计、工业设计等交叉学科领域进行探索，期望能源于实践而高于实践，本书可作为城市公共设施设计教学参考，也可为城市管理者和设计师践行提供借鉴。在城市的规模与形态、生活的内容与方式、公共设施的功能与种类，以及科学技术的创新与应用等均不断更新迭代的境况下，本书作为笔者的阶段性研究成果，希望能为城市公共设施设计研究及其相关领域专家学者的深入研讨提供帮助，也为今天日新月异的城市建设与发展添砖加瓦。

2016年5月20日

# 目录
Contents

# 第一章

# 引言

# 第一节　研究缘起

## 一、城市建设发展的自然需求

从人类历史发展的视野来看，城市是社会生产力发展到一定阶段的必然产物，是一种存在于特定地理空间中的社会的、经济的综合体。早在原始社会向奴隶社会转变的时期，就已经出现了城市的雏形，比如中国长江下游地区新石器时代的良渚古城遗址。在先秦时期，《周礼·考工记》已阐述强调城墙、道路、皇城以及中心对称的城市建设形制（图1-1）。[1]当然，在农业经济时代，社会生产力水平低下，城市发展在相当长的一段历史时期内都十分缓慢。刘易斯·芒福德在《城市发展史》一书中描述了一连串的城市文明发展，从古埃及、古代美索不达米亚地区、古希腊、古罗马修道院、中世纪城市到近代工业中心城镇的崛起。

自18世纪以来，工业革命的出现与资本主义生产方式的产生，使得城市人口迅速增长，极大地推动了城市的发展。以美国为例，工业革命初期，其城市人口所占比例约为20%，而到1920年即已达到51.4%。我们可以说，城市发展的过程也是城市化[2]的过程。

城市是人类文明的标志，城市化程度已经成为一个国家和地区社会、经济、文化、科技，以及城市管理水平的重要参照系。2009年，美国中央情报局出版的《世界概况》[3]调查报告中，以城市化人口占总人口的比例测算城市化比率，其中英国90%、澳大利亚89%、美国82%、

图1-1　王城图（戴震：《考工记图·卷下》，北京：商务印书馆，1955年8月，第110页）

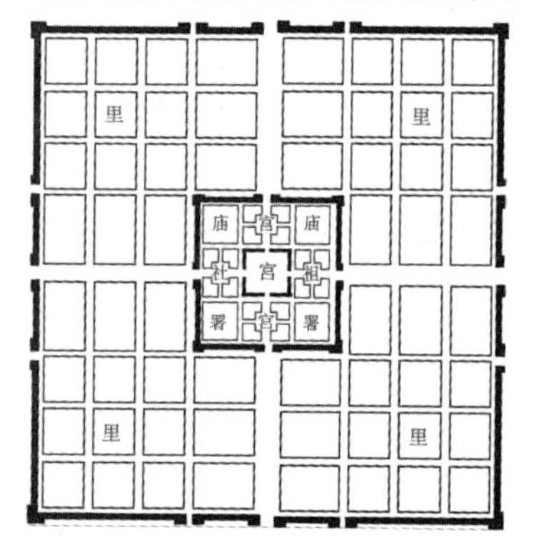


[1]《周礼·考工记》提出早期对城市的规划："匠人营国，方九里，旁三门，国中九经、九纬，经涂九轨，左祖右社，面朝后市，市朝一夫。"

[2]"城市化"一词，最早出现在1867年西班牙工程师塞达（A.Serda）的著作《城市化基本原理》中。20世纪70年代末，"城市化"的概念引入我国，又称"城镇化"，可分为狭义和广义两种涵义。狭义的城市化指农业人口不断转变为非农业人口的过程；广义的城市化是指社会经济变化过程，包括农业人口非农业化、城市人口规模不断扩张，城市用地不断向郊区扩展，城市数量不断增加以及城市社会、经济、技术变革进入乡村的过程。

[3]《世界概况》（The World Factbook，又译作世界各国纪实年鉴；ISSN 1553-8133）是由美国中央情报局出版的调查报告，发布世界各国及地区的概况，例如人口、地理、政治及经济等各方面的统计数据。

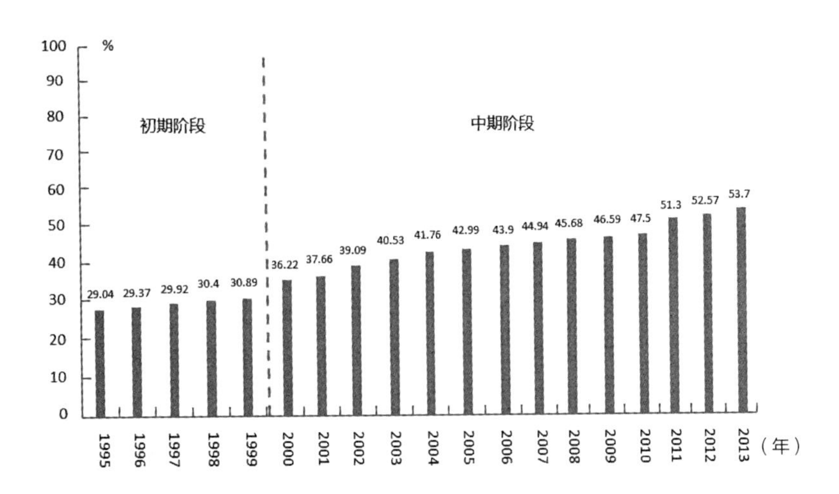


图1-2 1995~2013年中国城市化进程

法国77%、德国74%，而印度29%、泰国33%、坦桑尼亚25%、肯尼亚22%、乌干达13%。显然，发达国家的城市化程度要远高于发展中国家的水平。美国著名经济地理学家诺瑟姆（Ray.M.Northam）1979年提出“诺瑟姆曲线”公理，认为世界各国城市发展过程的轨迹是一条被拉长的“S”形曲线，并将城市化进程大致分为三个阶段，城市化率30%以下的为城市化速度比较缓慢的初期阶段，城市化率30%~70%的为城市化加速发展的中期阶段，城市化水平超过70%以后为趋于饱和的后期阶段。[1]自改革开放以来，我国城市化的步伐也在加快，根据国家统计局统计，中国在2013年城镇化率已达到53.7%[2]，处于城市化加速发展的中期阶段（图1-2）。

城市化的加速发展会创造更多的就业机会，吸收农村剩余劳动力，促使整体产业从第一产业向第二、三产业逐渐转化，改善地区产业结构，提高工业生产的效率，带动区域经济发展，使城市获得持续推进的动力；同时，伴随着科学技术的不断进步，信息化的普及推广，推进现代城市成为主要的科技创新和信息交流中心，并促使人们文化交流方式、价值观等的变化。

---

❶ 谢文蕙、邓卫：《城市经济学》，北京：清华大学出版社，1996年，第44页。
❷ 数据来自2013年世界银行WDI数据库 http://www.worldbank.org/。

当城市随着社会经济水平、产业结构、空间格局、城市文化以及生活方式的变迁而不断推进发展时，为保证城市良好有序的发展需要适时合理地扩大城市规模，升级产业结构，完善城市公共配套设施，进而提高城市居民生活水平与环境质量。对快速发展的中国城市化进程而言，要实现新一轮的经济增长、财富汇聚乃至生活质量的全面提升，城市基础设施（Urban Infrastructure）建设的速度与质量、健全与完善等，就显得尤为重要了。如果城市基础设施落后于城市建设发展，将可能导致无法持续维持城市功能的正常作用，城市居民的生活也将得不到有效的保障，这就需要及时升级城市基础设施以支撑城市功能的健康运行。

城市基础设施主要包括教育、科技、医疗、体育及文化等社会性基础设施和能源、给水排水、交通、邮政通信、环保、防灾等工程性基础设施两类，城市基础设施也称为城市公共设施，在我国一般是指工程性基础设施范畴。目前，中国大多数中小城市的城市公共设施尽管近年来发展速度较快，但总体上还处于一个不够完善、水平相对较低的状态（表1-1）；而发展相对稳定的大中城市的城市公共设施虽然基本齐全，也往往由于系统管理不善，进而影响整个城市的运作与形象。我国现代城市的建设与发达国家城市比较起来，差距并不是在各种地标性的宏伟建筑或者是巨大的城市广场上，而是在于城市的细节，如城市公共设施建设的水平落后、设施陈旧以及缺乏系统发展的长远眼光。

中国城市公共设施发展统计表[1]

表1-1

| 指标 | 单位 | 当年指标值 | | | | 年均增长 | | |
|---|---|---|---|---|---|---|---|---|
| | | 1995年 | 2000年 | 2005年 | 2007年 | 1995~2000年 | 2000~2005年 | 2005~2007年 |
| 用水普及率 | % | 58.7 | 63.9 | 91.1 | 93.8 | 1.04 | 5.44 | 1.35 |
| 燃气普及率 | % | 34.3 | 45.4 | 82.1 | 87.4 | 2.22 | 7.34 | 2.65 |
| 集中供热面积 | 亿$m^2$ | 6.5 | 11.1 | 25.2 | 30.1 | 0.92 | 2.82 | 2.45 |
| 实有道路面积 | 亿$m^2$ | 13.6 | 19.0 | 39.2 | 42.4 | 1.08 | 4.04 | 1.60 |
| 园林绿地面积 | 万公顷 | 67.8 | 86.5 | 146.8 | 170.9 | 3.74 | 12.06 | 12.05 |

[1] 数据来源：《中国统计年鉴》（2008年），第367页；《中国统计年鉴》（2007年），第395页。

当城市从迅速扩张向稳定发展期前进时，城市建设就不再只是量的概念，更是需要质的提高。一方面，信息技术的发展以及和多领域的结合促使现代城市向数字化、智慧化城市方向发展。所谓智慧城市是指，在城市发展过程中城市基础设施、资源环境、社会民生、经济产业、市政治理领域，充分利用物联网、互联网、云计算、IT、智能分析等技术手段，对城市居民生活工作、企业经营发展和政府行政管理过程中的相关活动进行智慧地感知、分析、集成和应对，为市民提供一个更美好的生活环境和工作环境，为企业创造一个更有利的商业发展环境，为政府构建一个更高效的城市运营管理环境。[1]另一方面，随着城市经济的发展，城市居民生活水平的不断提高，人们对生活环境和工作环境的要求也越来越高。党的十八大提出“建设美丽中国”的理念，各省纷纷响应，将美丽中国的建设落实到城市层面上，大力进行美丽城市的建设与发展。例如，杭州结合自身的城市特色，近年来努力打造“东方休闲之都，生活品质之城”，推出了新西湖、西溪国家湿地公园、钱江新城核心区、中山路城市有机更新、“十纵十横”道路改造、背街小巷综合整治、无线城市，以及城市公共自行车系统等系列项目，切实提升了城市人们的生活质量与环境质量，受到了社会各界的广泛好评。

综上所述，在城市经济发展过程中，当城市基本完成在数量和规模上的建设扩张之后，开始注重社会、文化、生活与城市细节的品质提升，而信息技术和互联网技术在城市生活中的渗透，以及美丽城市、智慧城市等建设目标的形成，提出了在城市发展的自然需求下对城市公共设施的建设、管理与设计的更高要求与任务。

## 二、公共设施完善的自我需求

站在设计学科的视域看，纵观城市发展的历程，关于城市的设计总是被建筑、规划、工程、园林等伟大的项目所占据，城市公共设施基本属于它们的附属品，处于边缘化位置，也很少作为城市建设中的一个重

[1]《杭州市智慧城市建设总体规划》，2011年11月，第5页。

要部分得到足够的重视并单独提出，这也在实际上使其缺乏系统性研究和梳理的现实基础。

就城市公共设施本身而言，在历史上，中国最早的公共设施可以追溯到古代祭天场所中的各种设施；在农业文明时代，尽管在城市中出现了诸如娱乐设施、防御设施、卫生设施、照明设施等各种城市公共设施，但总体而言，城市公共生活环境氛围不足，公共设施内容简单、种类匮乏，其整体系统性亦较弱。由于各种历史原因，我国的城市化发展长期处于停滞状态，其进入快速发展阶段是在改革开放以后，开始强调城市的学科规划，注重整体、多层次、连续性的全面发展；但此时中国的城市建设与城市公共设施的建设已严重脱节，公共设施的发展迫在眉睫。[1]进入21世纪，中国开始高速城市化阶段，部分城市如上海、杭州、广州、北京等率先进入现代化都市，城市公共设施相对完善，但与国际上一些先进国家的城市建设水平比较，我国城市公共设施依然存在众多需要自我完善的方面。

随着经济的发展，百姓收入水平、消费能力逐步得到提高，人们越来越注重对城市生活品质的诉求，这也对城市公共设施提出了新的要求。挪威建筑理论家舒尔茨（Christian Norberg. Schulz）在《场所精神——迈向建筑现象学》一书中说“人类基本需求之一是体验生活场景的意义。建筑和风景建筑存在的目的是使场地（Site）变为场所（Place），去揭示隐藏于现存环境中的意义。”[2]生活就是人的生存和发展的活动，是一种生气和活力，是一种生命力和创造力。关注生活品质，就是关注生活的真正内涵与本质。[3]今天的城市建设观念随时代的发展已经产生很大的变化和提升，追求作秀式的大广场和标志性建筑物的潮流已经过去，片面强调经济发展与数字增长的现代城市雷同化、均质化的发展阶段也已经过去，设计最终要落实到为人们生活服务内容的具体提

---

[1] 徐巨洲：《中国当代城市规划进入了一个大转折时期》，载于《城市规划》，1999年第23卷第10期，第5-6页。

[2]（挪）诺伯特·舒尔茨：《场所精神——迈向建筑现象学》，施植明译，武汉：华中科技大学出版社，2010年7月第1版。

[3] 杭州市发展研究中心：《提高生活品质需要城市各领域和谐发展》，载于《杭州（下半月）》，2009年第11期，第12页。

高，以及城市生活环境质量的全面提升上。我们可以说，城市公共设施的根本任务是为城市人们生活提供一种理想的城市公共服务。

从为人们生活服务的城市管理角度出发，当下大多数中国城市的公共设施依然停留在“重建轻管”的状态，城市管理应该是从规划、建设到运行全过程的管理，但目前存在的普遍现象是重前期规划与建设、轻后期运行管理，而不是更为合理的城市科学管理观念。这里有两个方面的问题，一是由于“建与管”形成某种脱离，在前期规划、建设阶段往往较少考虑后期的运营管理等需求，陷入一种为建而建的局面，在城市规划、建筑等大尺度的工作习惯下，容易忽略以城市细节角色出现的公共设施内容深化需求，导致其系统配置不全面，甚至遗漏等情况；二是公共设施建设的投入、管理、运行、维护经费不足，形成与老百姓生活的日常性、长期性需求满足之间的矛盾等。这里存在着城市公共设施从设计与目标、概念认知与分类、管理与活化等方面建设观念需要自我调整的需求。

同时，城市公共设施的内容伴随着城市化进程发展而不断变化、生长、扩展，在社会经济、生活方式等驱动下，以及新能源、新材料、互联网、大数据信息处理等科学技术的应用与推广，作为一种变化而开放的公共设施系统，在文化与形象、种类与整合、空间与场所、生产与制造、运行与管理等方面均出现了新的问题与要求。

自西方的工业革命开始以来，以批量化为教义的现代设计几乎影响了中国所有的城市也包括乡镇，从建筑、广场、街道、路灯、垃圾桶以及城市旅游礼品等，形成了“千城一面”的现象，这与城市原本应有的地域文化、城市性格、城市形象等极具魅力与内涵的价值追求恰恰相反。例如，随着城市规模越来越大，城市系统功能越来越强，公共设施种类也越来越多，几乎在每一个城市街道的交叉路口，各种交通指示牌、交通红绿灯、行人信号灯、路名牌、交警监控设备、治安监控设备、城市电视天线设备等汇聚一堂，呈现出相互独立、林林总总的壮观场面，既影响城市形象，也不利于统筹管理。再如，今天的城市发展更新速度极快，除了新增的公共设施种类以外，还存在着大量的仅仅用简单地以旧换新方式进行的公共设施重建行为，于是，各种公共设施的基础也不断地被重新破土挖掘以及再重新浇筑，而非如德国人所采用的以公共设施部件的更换实现其功能的增减或扩展，这里缺乏一种从生产制造到运营管理相统一的有效系统，浪费了大量的人力、物力、财力，乃至时间等成本。又如，当城市人们经济生活水平得到不断提高，城市私家车的人均保有量急剧上升，在中国乃至世界各地的城市均出现了严重的交通拥堵现象，以及随之而来的大量的汽车尾气污染等情况，于是，各种行车难、停车难、打车难与雾霾、雾都等词汇频频见报；还有，城市生活垃圾的处理、优质水的供给、城市园林的绿化和维护等问题，[1]这些都反映了城市公共服务的新问题与新需求。另外，目前在全球各地城市出现的温室效应、极端天气等灾害频发情况，而我国城市在面对火灾、台风、地震等突发性事件时应对能力表现得尤其薄弱，这也暴露出了在城市应急设施系统方面存在着极大的问题。当然，在城市生活中存在很多问题，本书主要关注的是城市日常户外生活中的问题，研究的基点在公共设施系统梳理与设计体系的建构上。如上所述，城市公共设施从形象、种类、空间、制造、运行到管理等方面的问题，实际上反映了公共设施从要素、内容、层次、方法与体系等系统的自我完善的需求。

正如日本著名的设计师原研哉在《设计中的设计》中所说："设计基本上没有自我表现的动机，其落脚点更侧重于社会，解决社会上多数人共同面临的问题，是设计的本质。"[2]无论是公共设施建设观念的自我调整需求，或是公共设施系统的自我完善需求，两者在设计的本质目标上都是一致的，从更大的系统角度看，可以统称为公共设施完善的自我需求。

### 三、设计实践研究的自觉需求

自1996年中国美术学院工业设计专业与德国基尔设计学院迪特尔·齐默尔（Dieter Zimmer）首次合作开展城市家具（Urban Furniture）

---

❶ 徐清海：《城市公共设施服务模式的选择和理念的创新》，载于《特区经济》，2006年06期，第127页。

❷ 原研哉：《设计中的设计》，济南：山东美术出版社，2006年版，第40页。

设计工作坊教学交流以来，几乎每年都会进行与城市公共设施相关的设计教学与项目实践活动。在设计教学方面，诸如笔者参加的中德城市家具设计工作坊、首届杭州城市家具设计大赛、中德“Sitting”工作坊、城市垃圾回收系统工作坊等，参与的院校包括德国基尔设计学院、科隆设计学院、卡鲁斯鲁厄设计学院等；在项目实践方面，诸如温州城南大道、杭州环城北路、江苏启东人民路、慈城古城、西溪国家湿地公园、杭州中山路、台州绿心区、宁波东部新城、杭州地铁、杭州城市电动公租车等城市公共设施设计项目，涉及的单位包括国内政府的市建委、经信委、旅委、城管办与各级区政府等部门，以及中国香港科技大学、美国麻省理工学院等院校与研究机构（图1-3）。

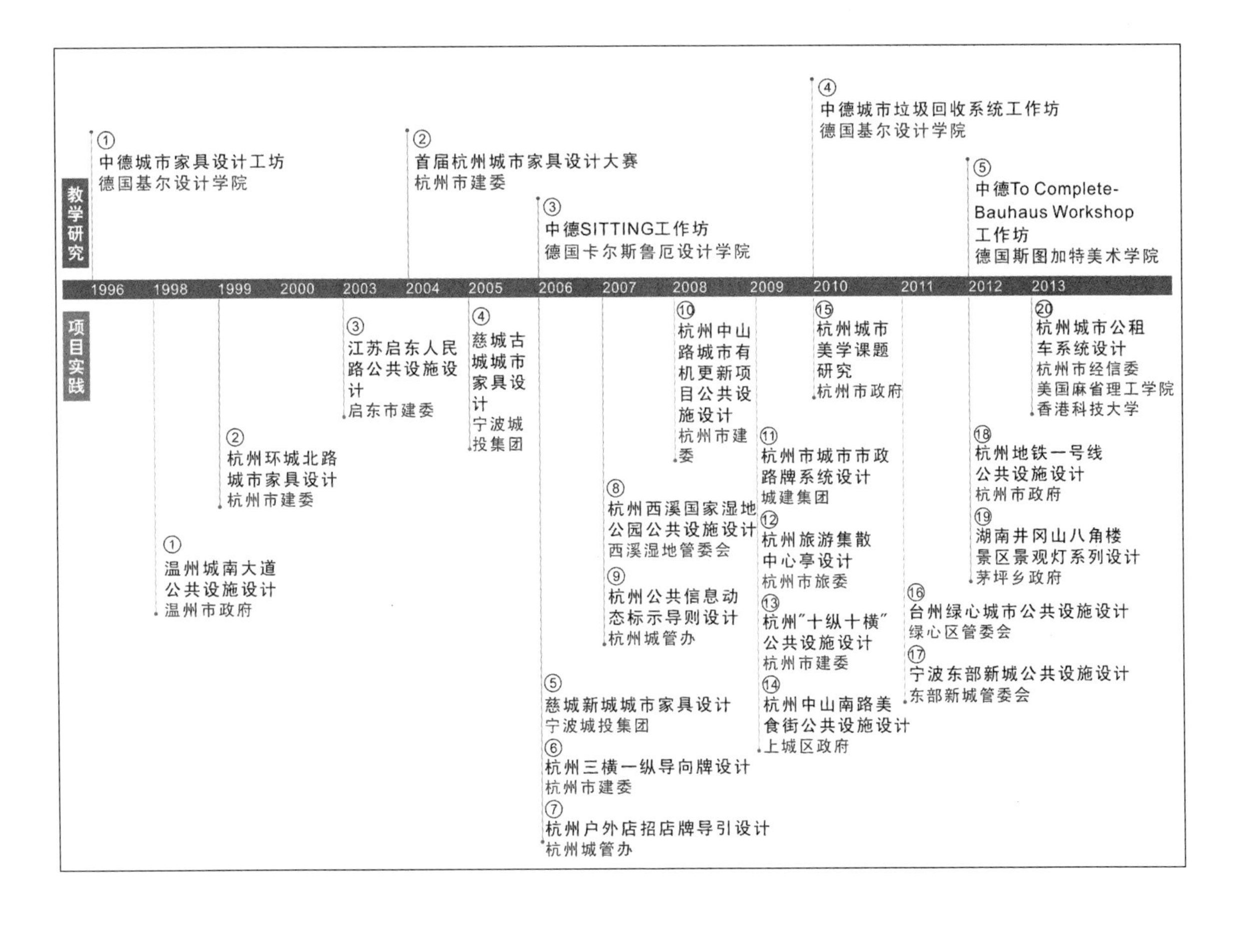


图1-3　笔者参与城市公共设施设计教学和项目实践简图

在此期间，笔者也对国内外城市的公共设施进行了大量的设计调查与考察工作，比如国内的北京、上海、青岛、大连、长沙、广州、杭州、宁波等城市，以及港澳台地区的香港、台北等城市，国外的纽约、波士顿、芝加哥、罗得岛、多伦多、京都、东京、清迈、悉尼、堪培拉、布里斯班、奥克兰、柏林、斯图加特、伦敦、巴黎、马德里、巴塞罗那等城市。相对而言，对国内城市的设计调研工作较为充分，尤其在杭州、宁波等地区还进行了大量的设计实践工作，而对国外城市的调研则较为浅显，主要选取部分城市如伦敦、巴黎等进行相关案例设计分析。

回顾过去十八年的城市公共设施相关设计实践与研究历程，大致存在三种情况。首先，在设计调研考察中，我们一般通过观察、测量、问卷、记录、比较等方式展开具体工作，无论是国内城市还是国外城市，在城市文化、城市形象、使用行为、设施造型、材料结构、工艺色彩等方面的资料获取均相对翔实。另外，对公共设施在城市层面系统运营管理情况的数据获取上则较为困难，究其原因，一方面是限于政府或企业的管理条例、安全保密等制度要求，往往仅能获得一些总体性的官方数据，另一方面也由于目前我国大部分城市对公共设施运营管理亦未形成详细、深入、完善的系统数据库，尽管关于这些数据的分析研究主要属于城市管理学、经济学等研究领域，但笔者在设计调研考察过程中依然感到遗憾与不足。

其次，在项目实践研究中，通常给予设计完成的时间相当紧张，往往呈现就事论事的工作方式，针对明确而具体化的项目任务书，在既有的设计专业、程序与方法等惯性驱动下展开工作。从学术研究的角度上看，大量的项目实践基本属于一种重复性设计，比如温州城南大道、杭州环城北路、江苏启东人民路、慈城古城、西溪国家湿地公园等公共设施主要是造型设计，往往缺乏多维度、多层次的系统理论分析与设计研究。

再次，在设计教学研究中，由于大学教育崇尚自由学术精神的特点，在与城市公共设施相关的设计教学领域，尽管单门课程的教学具有一定的独特性与创新性，但各门课程由于老师不同、选题不同，总体上呈现一种学术研究的散点式、碎片化状态，缺乏整体性的系统梳理。

其中，值得一提的是，随着时间的不断延展，在城市公共设施设计实践与研究过程中，从1996年城市家具设计工作坊专注于功能主义、2006年“Sitting”工作坊注重体验设计、2008年中山路公共设施设计力求彰显城市美学，以及2013年城市电动公租车项目强调全产业链系统研发，逐步显现出一种事物发展变化的线索。

上述三种情况也反映了在设计学科领域内进行设计实践活动的基本现象。今天的设计学科发展变化极为迅速，根据国务院学位委员会[2011]8号文件发布的新修订后的《学位授予和人才培养学科目录（2011年）》的规定，艺术学成为学科门类，设计学成为下属一级学科。[1]这要求我们必须重新思考设计的内容与方法，设计是关于人为事物的科学，强调理论与实践的统一，应该在设计科学的观念下通过系统设计理论与方法展开设计实践。现代设计涉及的领域越来越广阔，越来越趋向一种设计整体解决问题的方式，传统主要围绕着产品本身的创新，及其所进行的诸如造型、风格、工艺、色彩、肌理等设计，已很难适应、满足现代设计系统化、产业化的全面发展需求，设计应该成为整合生产制造、运营管理、优化资源配置等的纽带与系统。

这里存在着本次设计实践研究的两个方面需求：一是随着我国城市化进程的不断前行，城市建设趋向数字化、装备化和智慧化的发展方向，对城市公共设施设计研究而言，必须主动应对迅速变化的城市生活需求、不断新增的公共设施种类，以及日益复杂化的公共设施运行管理等情况，通过事物分类、系统要素、系统层次、系统结构等分析，建立一种设计科学视野下的公共设施系统设计体系。二是通过城市公共设施系统设计的研究，理顺设计调研、项目实践与教学研究等问题，从设计价值链的思考出发，关注需求分析、设计策划、产品研发、生产制造、商业模式、品牌营建等方面内容，探索一种适应当下设计学科发展的产品设计方法系统，这也将是笔者从事城市公共设施设计研究以来的一次自我总结。

[1] 根据国务院学位委员会、教育部颁发的《学位授予和人才培养学科目录设置与管理办法》（学位〔2009〕10号）的规定，《学位授予和人才培养学科目录》分为学科门类和一级学科，是国家进行学位授权审核与学科管理、学位授予单位开展学位授予与人才培养工作的基本依据，适用于学士、硕士、博士的学位授予、招生和培养，并用于学科建设和教育统计分类等工作。

## 第二节　研究现状

审视城市公共设施设计的研究文献，与其在关于城市的设计历史中所处的边缘化地位相类似，笔者在中国知网上以“城市公共设施设计”为关键词搜索，结果记录显示：1975年发表第1篇[1]、至1984年突破两位数达到10篇、至1998年逼近三位数达到98篇、至2004年达到556篇、至2006年突破四位数达到1301篇，与使用“城市公共设施系统设计”、“公共设施设计”为关键词的搜索结果基本相近；这个数据与以“建筑设计”、“城市设计”为关键词的搜索结果相去甚远，前者在1980年即突破四位数达到1072篇，后者在1984年也突破四位数达到1092篇。如果，我们认为某领域文献发表的数量多少反映了人们对于该领域的关注度，那么，关于城市公共设施设计的研究显然落后于建筑设计、城市设计等研究领域，这也从另一个侧面显现出我国城市公共设施与城市建设未能形成良好的匹配关系的现状。

在上述搜索的结果中，另一个有趣的数据是，在前100篇中仅有2篇属于管理、2篇属于城市规划等学科领域，其他文献均是诸如艺术、设计、景观、环艺等设计学科领域；而当使用“公共设施”为关键词搜索时，则涌现涉及经济、工程、管理等学科领域的相当数量的文献。这似乎显示了“设计”被默认为是设计学科领域的专有名词，而非其他学科领域。

总体而言，城市公共设施设计研究现状较为薄弱，从设计学科领域出发的研究主要集中在城市公共设施的环境、文化、美学、形象、功能、使用、造型、色彩，以及人性化、通用化等方面，很少涉及生产制造、经济管理等跨领域内容。另外，就城市公共设施本身研究而言，诸如城市规划与建筑、经济与公共管理等领域的研究可谓仁者见仁、智者见智，体现出各自所从事学科的研究特色。比如，城市规划与建筑领域

---

[1] 李念陆，陈荫三：《对新型城市公共汽车设计方案的几点分析》，载于《汽车技术》，1975年03期。该文章内容的是关于汽车动力、结构等设计研究。

的研究主要集中于社会、人文、环境、规划以及如何宏观地解决土地利用和开发问题等，经济及公共管理领域的研究集中于城市公共设施的供给模式、运营机制、管理模式等方面。

图1-4 将男体山作为设计主题的住宅内道路 （日）土木学会编著：《道路景观设计》，章俊华、陆伟、雷芸译，北京：中国建筑工业出版社，2003年12月，第24页。

## 一、基于设计学科领域的相关研究

在设计学科领域，从事城市公共设施设计研究主要包括景观与环艺设计、工业设计等两个专业方向的专家学者。

景观与环艺设计专业方向的学者注重城市整体环境与公共设施的关系梳理，建立了一定的理论体系，并将其应用于实践。于正伦教授在其所著的《城市环境创造——景观与环境设施设计》一书中针对城市景观和环境设施提出了系统化的城市整体环境理论框架，并以此为基础，深入探讨了城市景观与环境设施的设计方法。作者的出发点虽然是基本的环境设施设计，但着眼点仍在于其所提倡的“整体环境观”。正如作者在谈及写作的目的时所言，提高城市环境创造水平，以文化型、人文型的城市面貌走向世界，迎接世界。

由日本土木学会编著的《道路景观设计》一书介绍了道路景观的概念及其分类，并从细腻的工程细节出发，对其中各项内容的设计方法作了详细而深入的论述（图1-4）。编者以为，道路景观的各项内容（与本书所谈及的公共设施有很大的重叠度）形成了一个系统，在进行设计时须照顾好彼此的关系。此外，该书特别在第二章阐述了道路景观的各种情况，并建议通过对城市文脉的解读和对个性素材的发现进行道路景观的创造。从这一章节可以看出，编者将自然地理形貌、道路本身的构成类型、城市文脉以及具有代表性的城市活动（如传统习俗、节庆、祭祀等活动）均纳入到一个总体的系统。

图1-4

在工业设计专业方向，专家学者主要从产品设计角度对城市公共设施的系列化、功能优化、美学原则、生产的经济性与合理性进行了阐述，并对其中的材料应用、模块化设计、交互设计、安全和尺度问题、共用性设计等方面做了一定的研究和实践探索。

在西班牙的约瑟夫·玛丽亚·萨拉（Josep Maria Serra）所编著的

《城市元素》一书中，作者阐述了城市元素的概念，描述了主要类型的单体城市家具设计的材料、造型、细节等内容，并认为这些城市元素本身即形成了一个系统。除了这种系统观，该领域的学者认为城市家具与其所处的环境也应体现出一致性，力求展现一座城市的文脉和性格。这种观点与于正伦教授的系统观大同小异。

然而，仅将城市公共设施的系统性指向这两个方向，具有一定的局限性，它回避了公共设施领域中设计与产业界、运营管理的关联性，忽略了人的需求，也无法应答随着时代发展而出现的城市新问题。城市公共设施的系统性研究不能局限于各自的专业领域，须站在更高的角度，以更宽阔的视野，考察其与社会、经济、城市、技术的关系，探究其运营、管理、设计、生产等诸多方面互相联动的可能性。

## 二、基于规划与建筑领域的相关研究

在规划与建筑领域，正如城市的设计历史所呈现的那样，城市设计、城市规划、建筑设计是其主要的研究对象，关于城市公共设施设计的研究相对较少，其中，丹麦著名城市设计师扬·盖尔[1]所著的《交往与空间》是这个领域的重要代表作。扬·盖尔花费了25年的时间才完成这本著作，他并没有遵从传统的规划理论和思路，而是用一种直白的、平民式的口吻来分析问题，把设计的出发点重新调整到人的感受与行为上，这与设计学科的研究方法颇为一致。《交往与空间》强调城市建设的目标在于提供宜人的人居环境，它必须满足人的需要；这种需要不仅是物质层面的，更为重要的在于让公众体会到城市真实、鲜活且持续的生命力。

关注城市中人们的生活，并将其置于设计的中心，建筑设计领域出发的相关研究正日益成为其最基本的设计原则。英国牛津布鲁克斯大学建筑环境学院的两位学者伊丽莎白·伯顿（Elizabeth Burton）和琳内·米切尔（Lynne Mitchell）将研究触角伸向了患有老年痴呆症的人

[1] 扬·盖尔（Jan Gehl，1936年—至今），建筑师，丹麦皇家艺术学院建筑学院教授。主要著作有《交往与空间》、《新城市空间》、《公共空间·公共生活》、《人性化的城市》等。

群，并出版了专著《包容性的城市设计：生活街道》[1]。作者以为，随着西方老年痴呆症患者的增多，无障碍设计的范畴应该不再局限于既定的知觉障碍患者或者具有运动障碍的人群，老年痴呆症患者同样需要得到社会的尊重，他们也需要参与到正常的街道生活中去。

同时，该领域的相关研究也呈现出一种跨界趋势，将城市公共设施的投资、建设、运营、管理与设计结合起来，将其视为一个完整的系统，研究彼此之间互相促进的可能性与方法。例如，华南理工大学建筑学院费彦在其博士论文中融合城市规划、经济管理等多学科的理论成果，以广州市为例深入调查研究居住区公共产品的现状，从技术范畴的城市规划的技术方法，以及经济范畴的设施投资、建设等方式提出了建议，对保证居住区公共设施的优质供应提供了有益的思考。

### 三、基于经济与公共管理领域的相关研究

在经济与公共管理领域，对公共设施的研究主要集中于其供给模式和管理模式等，其中，供给又被分为投资、建设和运营三部分内容。该领域学者将公共设施视为公共物品（Public goods），可分为纯公共物品性质的、准公共物品性质的，以及具有较强竞争性的区域公共设施三种，并对不同性质的公共设施提出了不同的供给模式和管理办法。例如，对于准公共物品性质的公共设施，该领域学者认为应采取政府特许经营的方式，而这也是我国城市公共设施管理改革的重点部分。通过引入适当的市场竞争，改变城市公共设施以政府为唯一供应主体的局面，从而改变其低效、低质的状况，跟上城市及经济发展的需要。

除了引入市场竞争机制，人本理念也是该领域研究的热点问题。例如，中国人民大学公共管理学院的徐清海在《城市公共设施服务模式的选择和理念的创新》一文中指出，创新型的城市公共设施服务理念应根

---

[1] 伊丽莎白·伯顿（Elizabeth Burton），琳内·米切尔（Lynne Mitchell）：*Inclusive Urban Design:Streets for Life*，Briton，architectural Press，2006年第1版。作者所提出的设计原则分别是：familiarity，legibility，distinctiveness，accessibility，comfort，safety.

据公众的需要而非政府的需要、应根据社会的需要而非城市的需要、应根据多数人的需要而非少数人的需要提供城市公共设施服务。在中国城市化进程的飞速发展中，这样的理念无疑更有利于城市经济和社会的和谐，也更有利于城市的可持续发展。

本书对城市公共设施设计的研究主要从设计学科领域的视角出发，结合城市与空间、产业与市场、设计与管理等方面内容，展开系统设计实践与研究。

## 第三节　研究方法

### 一、基于系统论的设计研究方法

设计作为一门交叉型学科，在演变的发展过程中，有两种途径无法逾越，一方面，设计需要吸收其他学科成熟的理论与方法，以实现设计学科结构的发展；另一方面，设计需要充分依据其作为一种创造性活动的自身特性，继续巩固、加强自身在研究对象与方法上的特色。对于城市公共设施设计的研究而言，要实现从设计学科领域出发，以更广阔、多维度的视野去观察、梳理公共设施的问题，这需要系统论的方法帮助其设计研究及其设计体系的不断完善。

中国古代伟大的道家思想创始人老子，在其《道德经》第四十二章说："道生一,一生二,二生三,三生万物。"[1]这堪称是最早的系统演化哲学观。在西方，关于系统一词的相关内容，最早可以追溯到柏拉图、亚里士多德、欧几里得等先贤，但系统作为一个科学概念，是从

[1] 见《道德经》第四十二章，长春：吉林大学出版社，2011年版，第92页。

图1-5 “花瓶-人脸”交变图(陈霖、汪云九:《交变图和视觉感知》,载于《心理学报》,1983年01期,第107页)

20世纪20年代开始逐步形成的。我们通常将奥地利生物学家路德维希·冯·贝塔朗菲(Ludwig Von Bertalanffy,1901~1972年)提出的基于逻辑和数学领域的一般系统论被视为现代系统论的理论开端,其来源于生物学中的机体论,强调必须把生物学中的有机体当作一个整体或系统。同一时期,英国数理逻辑学家和哲学家阿尔弗雷德·诺夫·怀海德(Alfred North Whitehead,1861~1947年)的《科学与近代世界》、美国统计学家、数学家与物理化学家阿尔弗雷德·詹姆斯·洛特卡(Alfred James Lotka,1880~1949年)的《物理生物学原理》等文中均先后出现了一般系统论的思想。另外,德国心理学家韦特墨(M. Wetheimer,1880~1943年)、科勒(W. kohler,1887~1967年)和考夫卡(K. Koffka,1886~1941年)等在似动现象研究基础上的格式塔心理学(图1-5),也出现了与系统论思想的相关研究。

通常,系统论大致可以分为三个分支:一是系统原理,即用精确的数学语言描述一般系统;二是系统技术,着重研究系统思想、系统方法在现代科学技术和社会的各种系统中的实际运用,如系统工程学等;三是系统哲学,即研究系统本体论、认识论、方法论等哲学问题。[1]如果,从系统自身的基本规定性看,按照现代系统论的开创者贝塔朗菲的定义,系统就是“互相作用的多元素复合体”[2]。这里存在几个核心内容:一是系统的多样性、差异性,这也是系统不断发展的生命力所在;二是系统各组成部分、各要素的相关性,即彼此按一定的结构形成相互作用、相互联系的关系;三是系统的整体性,由上述两点导出系统是由要素、关系、层次、结构等构成的统一整体。另外,赵润琦在《“五行”学说是朴素的系统论》中提出:“系统的功能是由系统的结构决定的,结构不同,功能也自然不同;系统的功能同时受外部环境的制约。”[3]

就系统论的基本前提而言,其认为:系统是一切事物的存在方式

[1] 潘昌新、李以芬:《系统论与唯物辩证法的关系新探》,载于《山东工业大学学报(社会科学版)》,1999 年第2期,第 8-9 页。

[2] Bertalanffy, *General System Theory*. New York: George Breziller, Inc.1973.33.

[3] 赵润琦:《“五行”学说是朴素的系统论》,载于《西北大学学报(哲学社会科学版)》,1998 年第 2 期,第45页。

之一，因而都可以用系统的观点来考察，用系统的方法来描述。[1]系统论方法是以系统整体分析及系统观点来解决各种领域具体问题的科学方法[2]，而系统设计是作为一种科学的方法论指导实践，其主要研究系统中各部分的关系是如何引起总体性能变化的，以及系统间的相互作用和形式与环境的关系。[3]

对德国制造产生深远影响的乌尔姆设计学院认为系统设计理论应包括如下两层内容：一是以德国设计理论家赫斯特·里特尔（Horst Rittel，1930-1990年）和英国皇家艺术学院L·布鲁斯·阿彻尔（Leonard Bruce Archer）为代表的，[4]受工程和管理领域研究影响的设计方法学研究（Design Methods Research）；二是以汉斯·古格洛特（Hans Gugelot，1920-1965年）[5]为代表的，以标准化工业大生产为基础、以模数化和模块化为核心的实践性的设计方法。[6]

本书在系统论思想指导下，合理运用系统设计理论与方法，首先确定城市公共设施这个系统的总体目标与方向，然后进行资料的调研、梳理与归纳，不是从某一局部着手调研而陷于某种对整体认识上的迷茫，进而在此基础上，结合设计实践的案例，以系统设计方法整合相关材料，挖掘新的研究内容，探讨新的学术主张。我们研究城市公共设施，并非限于其审美表征的艺术设计研究，而是基于城市生活系统与需求的分析，突破以往的已有观念与做法。如李砚祖所说：“过去我们的思维定式是研究审美层面上的装饰领域内的艺术美学思想，而对设计的理念

---

[1] 许志国、顾基发、车宏安：《系统科学》，上海：上海科技教育出版社，2000年9月第1版，第17页。

[2] 王寿云等：《系统工程名词解释》，北京：科学出版社，1982年。

[3]（奥）赫伯特·林丁格：《包豪斯的继承与批判——乌尔姆造型学院》，胡佑宗、游晓贞译，台北：亚太图书出版社，2002，第129页。

[4] 赫斯特·里特尔于1958年在乌尔姆设计学院开始设计方法学研究，引入系统分析和运筹学等决策性的理论知识，将理论研究与设计实践联系起来。同L.布鲁斯.阿彻尔等人发起了第一代设计方法学运动。于1970年初使设计方法学研究的思维模式由纯理性和线性转向有限理性和对话的思维模式，使设计方法学研究的目的由建立“设计科学（Design Science）”转向科学的描述设计，即“有关设计的科学（Science of Design）”。

[5] 1945年古格洛特去乌尔姆设计学院任教，领导乌尔姆的研发小组在1955到1958年间，为布劳恩设计了一系列堪称典范的家电产品，并形成完整的产品系统。古格洛特的音响设备就是最早基于模数体系的系统设计，为系统设计起奠基作用。

[6] 陈雨：《乌尔姆设计学院的历史价值研究》，江南大学，博士学位论文，2013年，第13页。

及科学和技术的美学思想较少探讨。”[1]从城市公共设施表征层的研究出发，探求其系统生成层、根源层的相关内容，并以系统论方法贯穿全文的研究工作。

## 二、质的研究与量的研究相结合的方法

任何事物都有质和量的两种基本特征，我们可以说关于质的研究和量的研究是事物研究的两种基本方法。

然而，关于质的研究和量的研究，两者之间一直争议不断、众说纷纭，自19世纪中叶随着以法国哲学家、社会学家孔德为代表的实证主义的兴起，量的研究被公认为是一种具有客观性、科学性的研究方法，在各个自然科学研究领域取得众多成绩，受到广泛尊崇。所谓量的研究，也可以称作是定量研究或量化研究，是一种对事物可以量化的部分进行测量和分析，以检验研究者自己关于该事物的某些理论假设的研究方法。[2]而质的研究作为一种适合于社会科学领域的研究方法自20世纪60年代起，尤其是近几年在我国逐渐发展起来，但尚处于概念、特征、评价等介绍性、比较性研究等状态，对于质的研究具体方法的深入探讨较少，基础性理论研究与应用还很薄弱，主要集中在教育理论与教育管理、心理学等领域。目前，国内以北京大学陈向明教授的《质的研究方法与社会科学研究》为主要代表，她在美国的林肯（Y. Lincoln）和丹曾（N. Denzin）这两位质的研究领域重量级人物观点的基础上，通过质的研究和量的研究的比较后提出：质的研究以研究者本人作为研究工具，在自然情景下采用多种资料收集方法对社会现象进行整体性探究，使用归纳法分析资料和形成理论，通过与研究者互动对其行为和意义建构获得解释性理论的一种活动。[3]

从方法论而言，量的研究遵循的是逻辑——实证主义，质的研究遵

[1] 李砚祖：《工艺美术历史研究的自觉》，载于《器以载道》，北京，中国摄影出版社，2002 年，第 2 页。

[2] 陈向明：《质的研究方法与社会科学研究》，北京：教育科学出版社，2000年版，第10页。

[3] 同上第12页。

循的是现象学的解释主义。逻辑——实证主义应用量的实验的方法以验证假设——演绎的类推性，现象学应用质的自然探究法，以归纳的方式从整体上了解在各种特定情景中的人类经验。[1]本书的设计研究无意于进入质的研究和量的研究之间的学术争鸣，而就设计作为一门交叉型学科本身来说，既需要采用以自然科学为代表的量的研究方法，也需要通过以社会学科为代表的质的研究方法，通过设计实践的验证，从而全面地把握设计对象与事物的本质。

相对于量的研究而言，质的研究是一种注重在生活情境中展开研究的方法，强调对于研究对象的观察和参与，借助详尽的文字、图片等记录和描述，以整体性的观点看待所研究的现象，并从系统的不同角度、不同层次、不同结构等方面运用不同的方法进行归纳、分析与研究探索。同时，陈向明认为质的研究方法可以采取“文化主位”的路线，客观事实（特别是被研究者的意义建构）客观地存在于被研究者那里，如果采取“文化主位”[2]的方法便能够找到客观事实。[3]这与设计学科领域中设计实践如调研、分析、概念、设计、实验、评估等的基本活动规律存在着诸多相似之处。

由此，本书关于城市公共设施研究采取质的研究和量的研究相结合的方式，但侧重于质的研究。在实际研究工作中，主要以两种类型呈现：一是立足城市生活需求，选取典型个案研究，例如第四章第三节的城市公共设施顶层系统设计实验，这是偏向质的研究；二是通过大量的案例比较、数据统计等途径，例如第四章第一节的加强产品系统种类梳理、第四章第二节的面向大批量个性化定制的产品族设计等，这是偏向量的研究。

总体而言，本次研究方法首先立足于城市生活及其需求的观察，通过大量的文献资料查阅，现场实地的田野调查与分析，提出设计策略与概念，并借助设计图纸、模型等实验手段，以及设计评估方法等，最终完成具有整体性、系统性的设计研究工作。

---

❶ 徐燕：《质的研究与量的研究孰轻孰重》，科技信息（学术研究），2008年第2期，第45页。

❷ “文化主位”（emic）这一概念是和“文化客位”（etic）相对而提出的。这两个词分别来自语言学中“phonetic”（语音学）和“phonemic”（音位学）的后缀。在社会科学研究中，“文化主位”和“文化客位”分别指的是被研究者和研究者的角度和观点。

❸ 陈向明：《质的研究方法与社会科学研究》，北京：教育科学出版社，2000年版，第15页。

# 第四节 研究内容与意义

## 一、研究内容

问题是科学研究的起点和归宿，中外学者在这一点的基本认识上高度一致。[1]设计学科也不例外，设计就是发现问题、分析问题、解决问题，进而构成一种事物发展的循环。所谓问题，是人在实践活动中感到或发现应当解决而暂时没有条件、或因疏忽而未解决的矛盾。[2]在设计实践活动中，尤其应强调设计者、研究者对于外部事物与自身状态的感知和察觉，凸显一种主动面向问题的主体意识和心理状态，即注重问题意识，继而展开相关的设计实践与研究。

本书在我国城市化进程发展背景下，积极回应国家关于美丽城市、智慧城市、生活品质等城市建设目标，主要针对城市公共设施内容碎片化、系统性不强等问题，以及我们常常囿于功能、形式等传统的设计方法，既不能有力促进设计价值的自我升级，也很难与政府、企业在更大的社会价值层面上形成一种共识、共赢，最终影响提升城市公共设施及城市公共服务的整体水平。由此，本书从问题的开始、切入、回答以及回答的系统深化与实践验证，直至形成研究的相关结论，共分为五个章节，逐步展开城市公共设施系统设计研究的论述。

第一章，问题的开始，引言。针对课题研究缘起、研究现状、研究方法以及研究内容进行了逐一简要的阐述。通过城市建设发展的自然需求、城市公共设施完善的自我需求、设计实践研究的自觉需求等分析，对国内外城市公共设施研究的相关状况进行阐述，如景观、环艺及工业设计领域偏向环境、美学、造型等研究，城市及建筑领域偏向社会、环境、人文、规划等研究，以及经济及公共管理领域偏向供给模式与管理模式研究，认为在设计学科领域，缺乏一种从产品设计到生产制造、运

---

❶ 何明：《问题意识与意识问题》，载于《学术月刊》，2008年10月，第20页。

❷ 李思民：《问题意识的理论阐释》，载于《哈尔滨学院学报》，2001年1月，第75页。

营管理的系统研究，期待能够借助系统论方法，以及质的研究与量的研究相结合的研究方法，进而探索一种城市公共设施系统设计观念与体系建构。

第二章，问题的展开，城市公共设施的认知与梳理。针对城市公共设施的概念、属性、沿革、现状以及分类作了较为深入的分析，通过对城市公共设施的公共产品属性的认知，以及由于公共设施分类僵化所带来的设计、建设、管理等潜在的系统性问题，提出一种以城市生活“人、事、场、物”系统交互界面的公共设施分类梳理。

第三章，问题的回答，城市公共设施系统设计研究。首先，针对城市公共设施设计进行思考，站在设计作为一种人为事物的角度，比较其与一般产品的不同，认为公共设施设计应是一种为大众的设计，继而从设计历史、今日生活等方面进行设计价值观的反思，再从城市和公共产品两方面开展探讨，并形成设计原则和共识。其次，通过设计边界的解剖，明确设计价值提升的方向，以及对系统、思维、方法进行设计再思考，倡导一种广义的系统设计观。最后，对公共设施系统设计的要素、层次、结构等进行深入分析，基于公共设施表征层、生成层、根源层的梳理，建构一种城市公共设施本体系统、外延系统、顶层系统的设计体系。

第四章，回答的深化与实践的验证，城市公共设施系统设计体系深化与实践。首先，基于本体系统展开产品与系统的关系思考，结合杭州市中山路公共设施系统设计实践，凸显以城市文化为导向的设计；结合杭州“十纵十横”公共设施系统设计实践，倡导加强产品系统种类的梳理；结合杭州城市美学课题实践，关注完善城市空间区域布局与场所布置。其次，基于外延系统展开项目与系统的关系思考，通过城市品牌、企业品牌到产品族，以及产品族基因与产品识别等研究，结合宁波东部新城公共设施系统设计项目，探索面向大批量个性化定制的产品族设计；通过从城市管理到城市服务的探讨，结合工地围墙设计项目，进行面向城市运营管理的产品系统设计实验。最后，基于顶层系统展开从本体、外延到顶层，以及城市问题与SET因素的分析，关注从问题到需求的设计转变，重视用户需求与设计评价，结合杭州城市公共租赁电动汽车系统项目设计构想、杭州城市公共自行车系统设计实验、杭州城市高架绿化系统设计实验，进行从宏观到微观的顶层系统设计探索。

第五章，研究的结论，走向一种为大众的城市公共服务产品设计。首先，明确城市公共设施属于兼顾城市与产业的跨境系统设计；其次，从双设计师联合导引下的人人设计系统观、开放性多层次城市公共设施设计体系、双品牌营造导引下的共享共通系统环境、城市生活需求导向下的公共设施分类活化与管理活化等四个方面，构成一种为大众的城市公共服务产品设计；最后，结合美丽城市建设导向以及习近平总书记的指示，随着现代城市向装备化、数字化、智慧化城市的发展，我们要以追求艺术的高度负责精神进行城市公共设施系统建设。

城市公共设施系统设计研究内容框架（表1-2）。

## 二、研究意义

本书针对城市公共设施系统设计展开实践与研究的意义如下：

其一，这是对碎片化的城市公共设施内容的一次系统梳理与重构。

首先，从设计学科的视域，一直在城市的设计历史中扮演着诸如建筑、规划、园林等城市建设主体项目附属角色的公共设施，伴随着人类城市化进程的不断发展，其在城市建设中所承担的任务，正在发生很大的转变，亟需塑造新的形象，以发挥更大的作用；其次，伴随着社会经济、生活方式的不断演进，新材料、新工艺、新技术、新能源的不断涌现，城市规模的不断扩大，新物种的公共设施也不断产生，囿于传统设计观念的公共设施系统已不能适应新的发展，无论是新角色转化还是新物种加盟的需求，都需要建立一种从产品设计到生产制造、运行管理的公共设施系统。由此，本书在后续论述中所形成的从本体系统、外延系统到顶层系统的城市公共设施系统设计体系，既具有一定的理论探索意义，也具有一定的实践指导作用。

其二，这是一次为大众设计主张的公共服务产品设计探索。

无论莫里斯、格罗皮乌斯等提出的为大众设计主张是否过于理想化，现代设计先驱们所表达出的极具社会责任意识的设计目标与价值思

城市公共设施系统设计研究内容框架　　表1-2

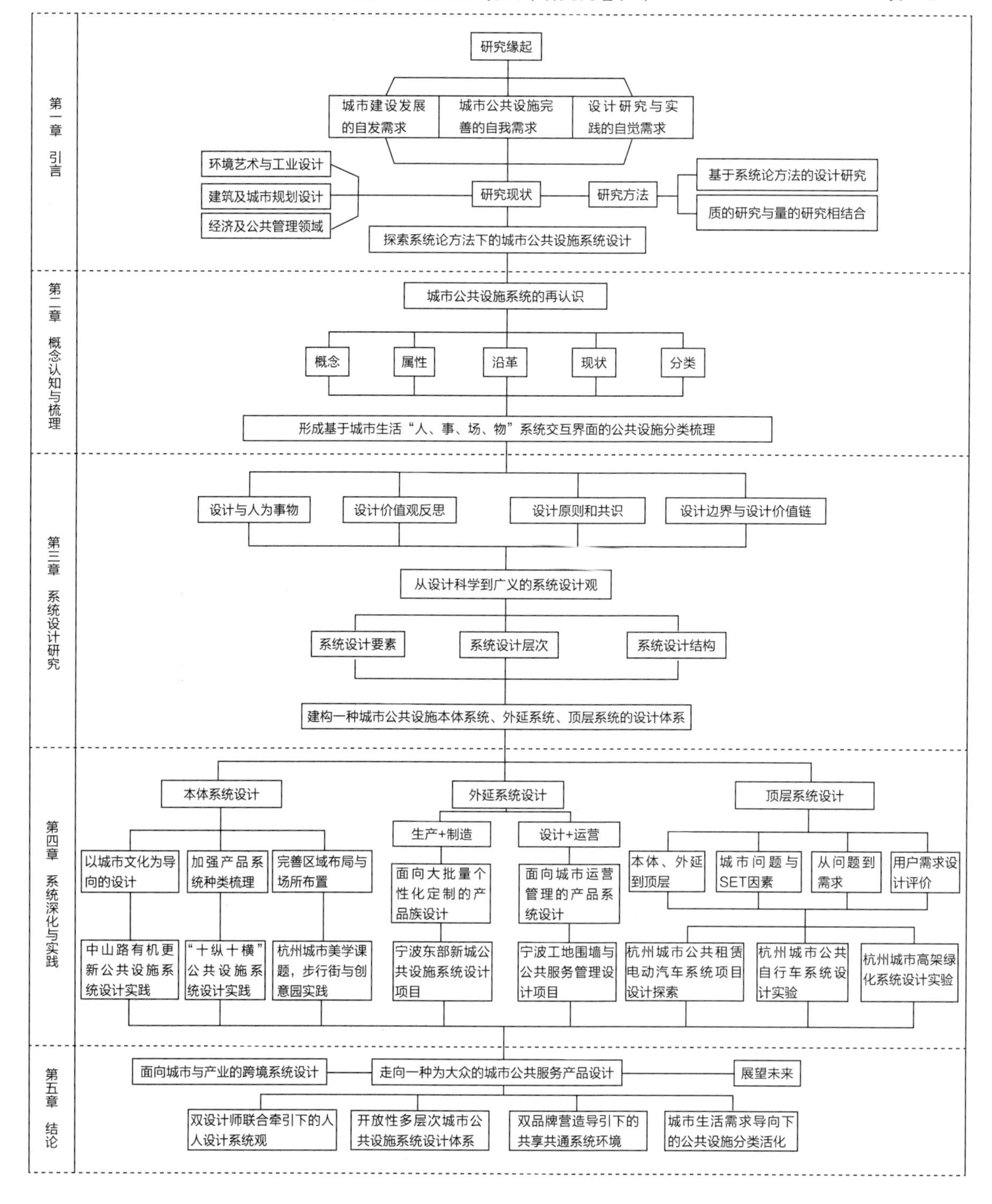

考，迄今依然值得我们敬佩、学习并勇于付诸行动。在如今商业社会极度繁荣、设计成果以货币结算方式，以及追逐利润最大化的市场竞争等情况下，设计的社会责任和理想该何去何从？城市公共设施设计作为一种公共产品，从其设计、研发、生产、制造、产品、运营、使用、维修等过程中，包含设计师、政府管理者、生产者、运营者以及普通城市老百姓等，无论是否成为参与其中设计过程的一员，均无法成为一种单向输出的角色，显然，这有别于通常市场语境下的产品设计，设计师及其设计观念需要重新定位，乃至指向一种人人设计系统观。同时，鉴于公共设施所具有的公益性、公平性、合理性、通用性、安全性以及人性化等特点，在商业社会中更需要建立一种多赢的、共享共通的系统环境，进一步凸显以城市人们生活需求为导向的公共设施管理活化等诉求，由此，构成为大众设计主张的城市公共服务产品设计探索，这在当代商业设计主导语境下尤其具有现实意义。

# 第二章

# 城市公共设施的认知与梳理

# 第一节 城市公共设施概念与属性

## 一、城市公共设施概念思辨

### （一）有关城市公共设施的基本概念

城市公共设施是一个具有广泛内涵的、多维的、复杂的系统性概念。卢森堡设计师克莱尔（Rob Krier，1938-）认为："公共设施就是指城市内开放的用于室外活动的、人们可以感知的设施，它具有几何特征和美学质量，包括公共的、半公共的供内部使用的设施"。[1]但是，目前关于城市公共设施的概念及其相关内容分类差别很大，可谓众说纷纭，至今没有形成世界范围内的统一共识。总体而言，在城市公共设施领域，主要存在城市基础设施、城市家具、城市公共装备等三种概念与内容。

一是城市基础设施，也被称为城市公共设施，是城市生存和发展所必须具备的社会性基础设施和工程性基础设施的总称。[2]其中，前者主要包括教育、科技、医疗、体育及文化等社会性公共设施事业；后者在我国一般是指工程性公共设施，主要包括如电力、天然气和新兴太阳能等能源公共设施，如水资源保护、给水管网、排水和污水处理等给水排水公共设施，如航空、航运、铁路、道路、桥梁、隧道、地铁、轻轨高架、公共交通、出租汽车、停车场、轮渡等交通公共设施，如邮政、电话、互联网、广播电视等邮电通信公共设施，如园林绿化、垃圾收集与处理、污染治理等环保公共设施，如消防、防汛、抗震、防风、防空等防灾公共设施，共六类主要的公共设施，如图2-1所示。

二是城市家具，又称街道家具（Street Furniture），泛指在街道、

---

[1] 转引自陈照国：《城市文化主题导向下的公共设施设计研究》，山东轻工业学院，硕士学位论文，2012年，第9页。

[2] 中国城市规划设计研究院：《城市规划基本术语标准》[GB/T 50280—98]，1999年2月，第2页。

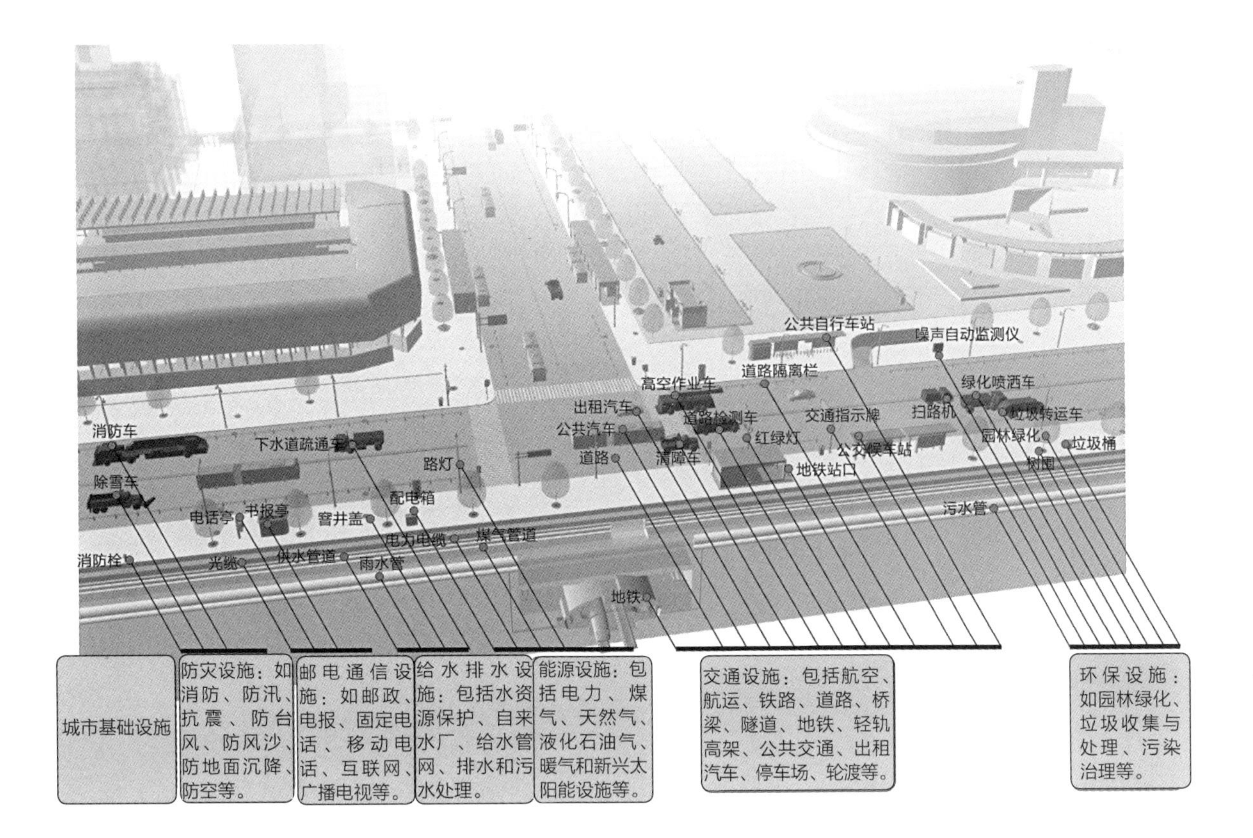


图2-1 城市基础设施内容示意图

道路上为各种不同使用需求而设置的设施。这些设施的设置与设计通常对交通安全、公共安全、公共空间中大众生活的便利等方面有相当程度的影响。[1]另外，街道家具可以分为城市的街道家具和农村的街道家具，通常在我国主要是指城市的街道家具，简称为城市家具。

城市家具很明显是一个复合词。“家具”通常与私人空间相关联，可是“城市”明显是一个公共空间。在拉丁语中，家具这个单词来源于“mobile”，即可运动的某种东西，但城市家具基本上都是不可移动的，它们被牢牢地固定在地面上。另一方面，英语中的“furniture”来源于法语的“fournir”，即“to provide”的意思。这一点倒是比较精确地描绘出城市家具的功能——它们为我们的公共空间提供了舒适，传递给我们信息，让我们有地方可以坐下休息，有照明，得到保护，它们让我们的空间变得更宜人更有价值，这一点与私人空间中的家具并无二致。

不同的国家或地区对城市家具所涵括的内容也存在一定的差别，一

❶ 徐耀东、张轶：《城市环境设施规划与设计》，北京：化学工业出版社，2013年10月1日第1版，第1页。

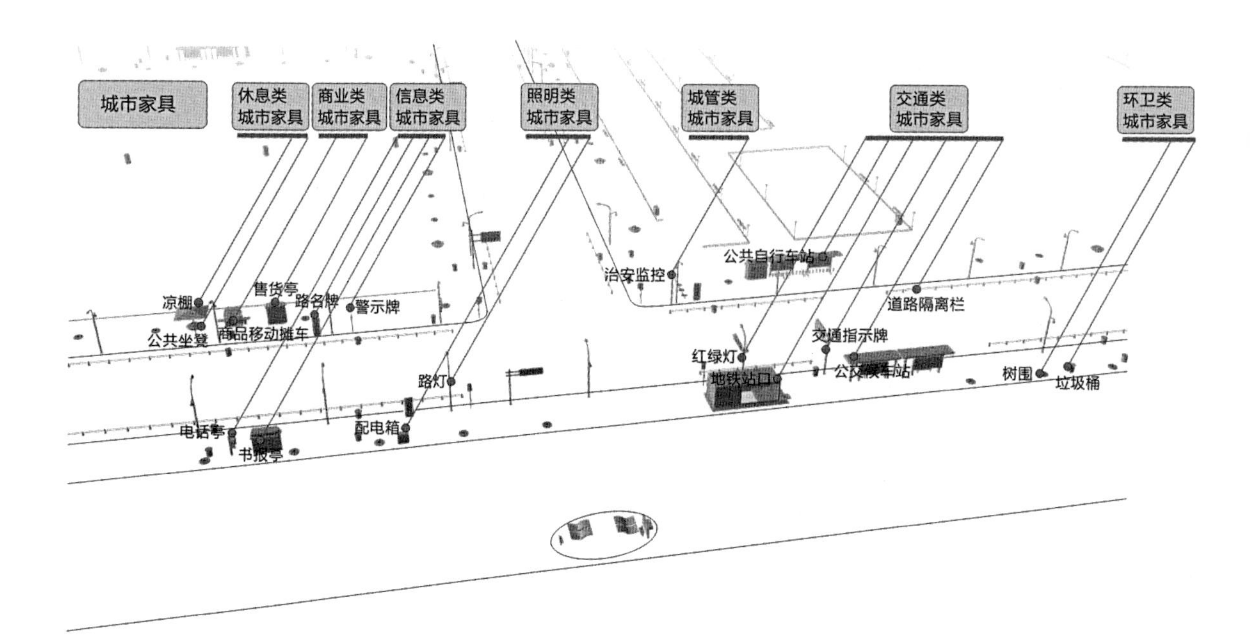


图2-2 城市家具内容示意图

般说来，城市家具可以包括交通类、照明类、信息类、环卫类、休息类、商业类、城管类等内容。有些设施虽然在设计时需要和城市家具一起考虑，但通常并不归类于城市家具，例如城门、城墙、人行道、人行隧道、人行天桥、地下街等（图2-2）。

三是城市公共装备，这个概念比较新，2010年4月的第四届“中国城市发展·市长高峰论坛”首次提出了此概念，即城市公共装备是维持城市的正常运营、提供城市功能与服务、应对城市各类突发事件等为城市提供公共服务的各类装备，它将与城市基础设施有机结合，为城市居民提供最大限度的服务。❶

按照这次会议的成果，目前，城市公共装备可以分为如下五大类九小项：一是城市环卫清洁类装备，包含城市道路清扫保洁装备（扫路机、洒水车等）、城市垃圾收运与处置装备（垃圾转运车、垃圾分选机等）、

❶《救灾，从完善城市公共装备开始》，曹昌，《中国经济论坛》，2010年19期，第36页。本次论坛以城市为议题，首次提出了“城市公共装备”这一概念，并研讨我国城市公共装备体系的构建问题。我国城市经营与管理的思路已经由“重建轻管”逐步向“建管并重”转变。这一理念的转变，带来了城市管理巨大的变革：当城市基础设施已经初步建立之后，城市管理者需要筹划配置最科学、经济、高效的城市公共装备，与城市基础设施有机的结合，为城市居民提供最大限度的公共服务。

城市园林养护装备（草坪滚压机、树枝粉碎机、园林树木移栽车等）、城市生活环境监测与防控装备（水环境保护成套装备、大气环境保护成套装备、噪声检测与防控成套装备等）；二是城市道路桥梁维护与应急装备（道路或桥梁检测车、清障车、立杆机、路面修复车等）；三是城市管道应急养护装备（下水道疏通车、下水道检测机器人等）；四是防灾救援装备，包括城市消防预警与应急装备（各类消防车）、城市除冰雪应急装备（推雪铲、除雪车等）；五是城市管理执法装备（城管执法装备、通信指挥车、照明车、勘察车、群体事件与公众安全事件应急公共装备等）（图2-3）。

综上所述，从相关概念及其范畴看，城市公共设施的概念最为广泛，城市家具与城市公共装备的概念相对较小，事实上，我们可以说城市公共设施的范畴已经包含了城市家具与城市公共装备的内容，但三者之间在内容上存在较大范围的交叠，容易导致设计认知上的概念模糊，如图2-4所示。

（二）各基本概念之间的认知分析

尽管城市基础设施或者说公共设施的内容范畴已经包含了城市家具

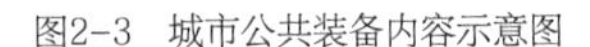

图2-3 城市公共装备内容示意图

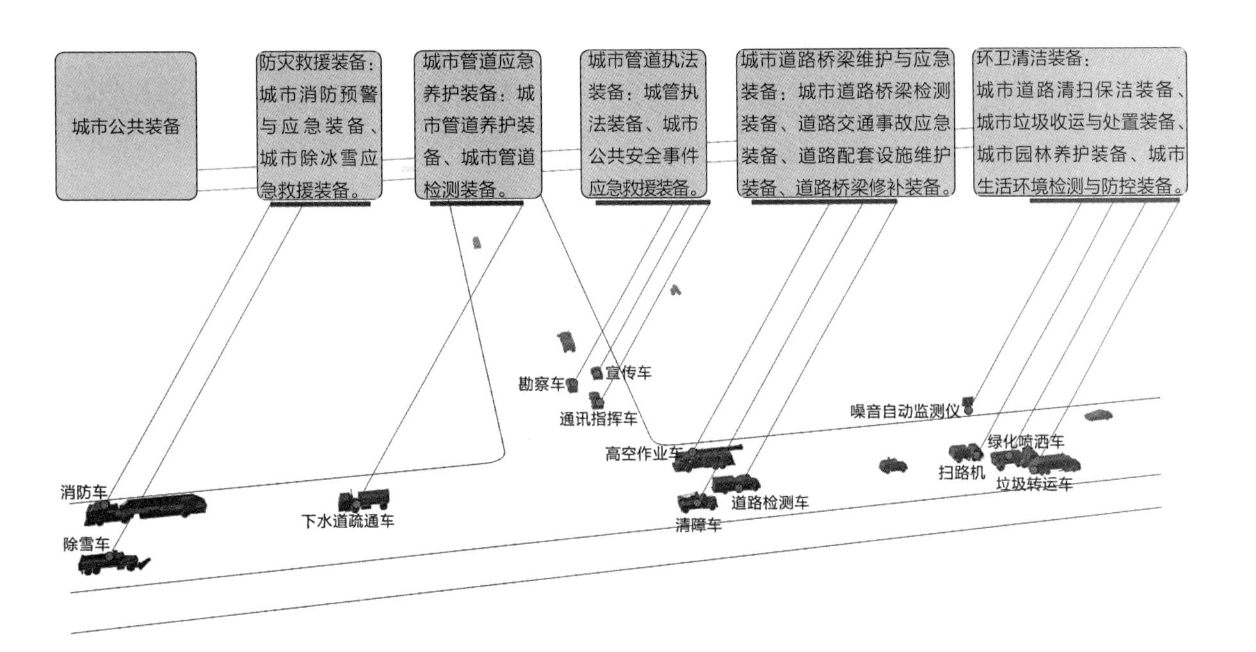

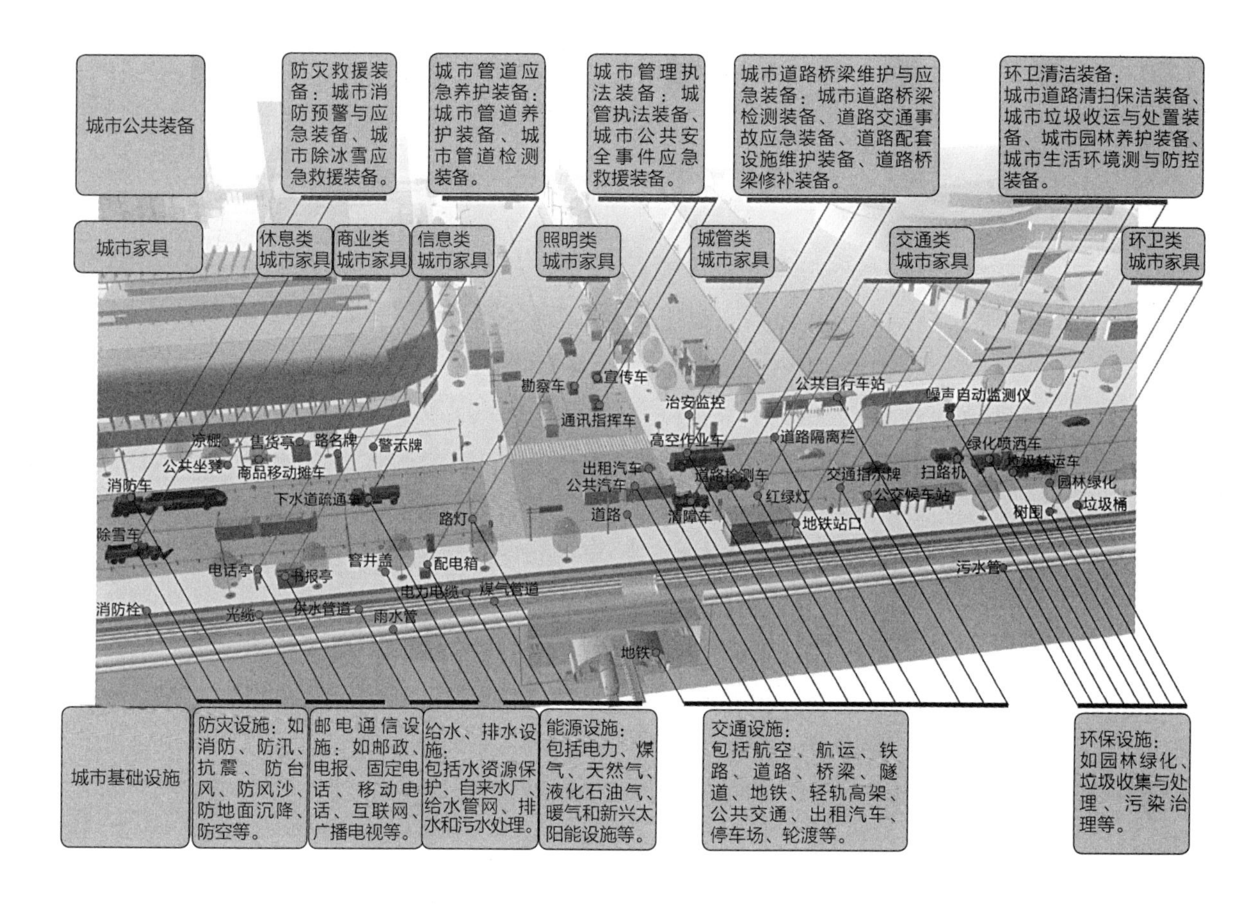


图2-4　城市基础设施、城市家具、城市公共装备综合内容示意图

与城市公共装备，但是，后两者以独立性概念得以出现，这实际上说明了一件事——现代城市化、经济水平、生活品质等对城市公共设施提出了新的要求。城市家具、城市公共装备均从不同的角度提出了自己的主张，建立了自己的导向和体系，这也反映了单纯从城市建设的工程性基础设施出发，按照传统建设的组织、设计、实施等方式，已不能完全适应今天城市生活品质的要求。

一方面，传统的城市基础设施概念更多映射出城市发展建设的基础水平、基本条件等含义，存在一种城市建设、建造工作思路的习惯性偏向。当城市建设的发展达到一定水平时，或者说城市基础建设已基本完成时，城市与生活的需求在总体上发生了变化，工作的重心发生了转移，其概念、内涵与分类亟待深化。

另一方面，城市家具呈现一种“城市中的家具”的比喻性概念，主要体现在相对固定的与家具相类似的公共设施，范围较小，分类体系不严密，却极具生活的亲和力，也便于人们对其功能和内涵的理解；而城市公共装备的概念则主要体现出城市装备化、制造产业以及可移动设施等特色。但是，两者的概念在回应城市生活系统需求上均存在各自的局限性、不全面性，也同样存在与其所在行业、利益等背景因素紧密相关的工作思路习惯性的偏向。

这种偏向性，一方面强化了各行业领域特色及其专业性，也更有利于各领域的自我发展；另一方面，对于城市日常户外生活系统而言，由于各自站在不同行业的立场和角度，这种偏向性的概念划分无助于整体生活系统的自身完善。而且，这种相对独立的多系统划分往往使得城市生活在无形之中被分割，容易造成公共设施内容的混乱、重复或遗漏。

通常，城市基础设施工程往往规模较大、复杂度较高、子项目内容与种类繁多，这种偏向性会在无形之中形成工程项目内容的重要度排序，一旦遭遇项目工期紧张或资金压缩等情况，那么诸如座椅、花坛、自行车停放栏等非基础支撑类建设子项目，则易被随之压缩乃至项目删减。而作为城市配套服务功能体系的公共设施，哪怕缺少看上去微小且并不重要的一件，都可能会导致生活的不便或是城市品质的下降。

同时，这种偏向还可能形成另一种局面下的不够专业、不够系统等情况，不利于提出并实现城市美好生活愿景。比如，在杭州公共自行车系统项目设计与实施中，面对设计所包括的内容，诸如道路与人行道、自行车、自行车锁止器、自行车亭、市民卡及读卡机的应用等，如果以现有城市公共设施各基本概念的名称表述方式，乃至各自为政、硬性划分，这是基础设施，那是城市家具，还有公共装备……如此割裂地看待事物，又何谈“解决出行最后一公里的问题”，如图2-5所示。

（三）基于城市生活系统交互界面的城市公共设施概念

尽管，城市基础设施、城市家具、城市公共装备各系统之间的立场与目标不一致，甚至各系统之间的归属关系也并不完全清晰，但是，对于城市生活来说，其实就是一件事、一个大的系统。在这个意义上说，关于概念的名称是城市基础设施、城市家具或是城市公共装备本身其实

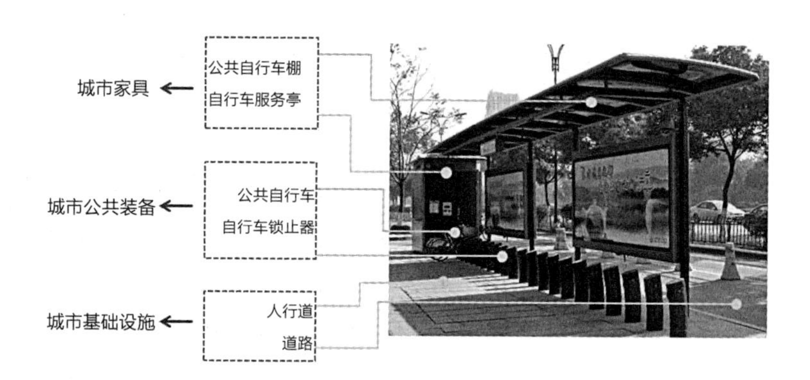


图2-5 现有城市公共设施各基本概念的名称表述（以公共自行车系统为例）

并不重要，也无论是注重大型工程的建设性或是强调可移动、装备化、产业化等特色，我们看重的是在城市日常管理、建设与设计等工作中，如何站在整体系统的角度进行思考，以期更好地把握、回应当下的城市发展与生活需求。

归根到底，设计是为人、为生活，为人的生活的需求，而生活需求是由生活态系统构成的。无论是城市基础设施、城市家具，还是城市公共装备，均应该聚焦城市生活这个共同的目标，通过一个共同的城市生活大系统的建构，明确各方关系和任务协调，凝聚各方力量，以促进城市生活不断提升品质。对城市公共设施研究而言，城市生活主要是指城市户外日常生活。

于是，我们回到生活态系统方式来考虑城市公共设施系统，提出以城市生活“人、事、场、物”系统交互界面的内与外进行总体分类，其中，人是城市人，事是城市生活，物是公共设施，场是城市环境场所。

城市生活系统交互界面之“内”，是指与城市人日常户外生活行为产生非直接性交互关系的公共设施系统，属于城市公共设施的基础支撑系统，以大型化土建工程类为主，如建筑、道路、桥梁、地下城市管道等城市基础设施。

城市生活系统交互界面之“外”，是指与城市人日常户外生活行为产生直接性交互关系的公共设施系统，属于城市公共设施的应用服务系统，以小型化设施产品类为主，包含了城市公共装备、城市家具以及部分城市基础设施，如公交车、候车站、座椅、路灯、配电箱、地下出风口设施等。

上述两者都属于城市公共设施系统不可分割的一部分，可统称为广义的城市公共设施。

前者，是指城市基础设施中的基础支撑系统。在日常生活中，大多数老百姓很少直接感知、关心其建设与运行，只有当其出现道路翻新、地下水管爆裂、突降暴雨等突发紧急事件，直接干扰、影响了人们的正常生活时，才会产生一系列反应与意见。在城市建设的通常标准是基于一般水平值而非峰值的情况下[1]，当该类城市突发紧急情况发生时，还是需要借助诸如预防、警告、动员等临时性活动组织，以应对城市运行所遭遇的问题与需求。由此，前者可沿用传统的称呼城市基础设施。

后者是指城市基础设施中的应用服务系统。在日常生活中，老百姓会直接感知、关心其建设和运行，与其发生直接的交互行为。比如，城市居民可能会对能源设施、电力设施这样的概念感到生疏，却一定不会对路灯感到陌生，他们会感受路灯的多少、光线的强弱、开关的时间以及路灯本身的高矮美丑；他们可能会对给水排水设施、给水排水管网摸不着头脑，但一定不会无视街道上的窨井盖，窨井盖的有无所造成的人身伤害也曾经一度成为公众的热议话题；他们可能对邮电通信线路与设备一知半解，但可能每天都会经过路边的书报亭、电话亭以及各类信息亭，他们恨不能随时随地可以无线上网，对蜗牛般的网速抱怨已久；他们可能会觉得道路、桥梁、隧道是大工程，是政府该操心的项目，但一定不会无视每天出行都会搭乘的公交车、出租车，那些车辆的颜色、尺寸、运行时刻、过往站名、早晚高峰乘车的困境历历在目，更有那些令人抓狂的停车位；他们可能不清楚城市里的环保设施究竟包含哪些具体内容，或者垃圾处理场究竟被设置在哪里、每天应该有多大的垃圾处理量，但他们对身边的垃圾桶一定脱口就可以提出各种建议或不满，诸如数量少、间距远、不够干净、分类不清、部件容易被盗取或者破坏……所以，这些城市基础设施中的应用服务系统可以被称为狭义的城市公共设施。本书所探讨的城市公共设施即这一类狭义的城市公共设施（图2-6、图2-7）。

[1] 国务院:《中华人民共和国城乡规划法》，2008年1月1日起实施。

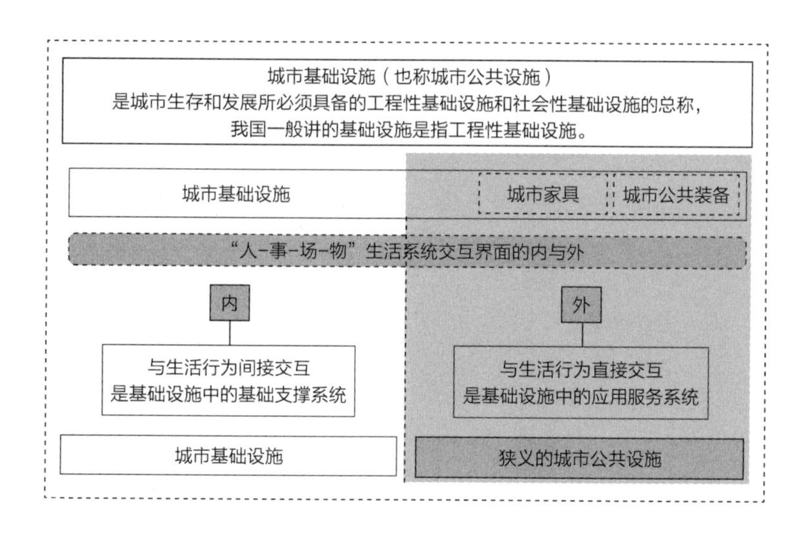


图2-6 城市公共设施各相关概念关系

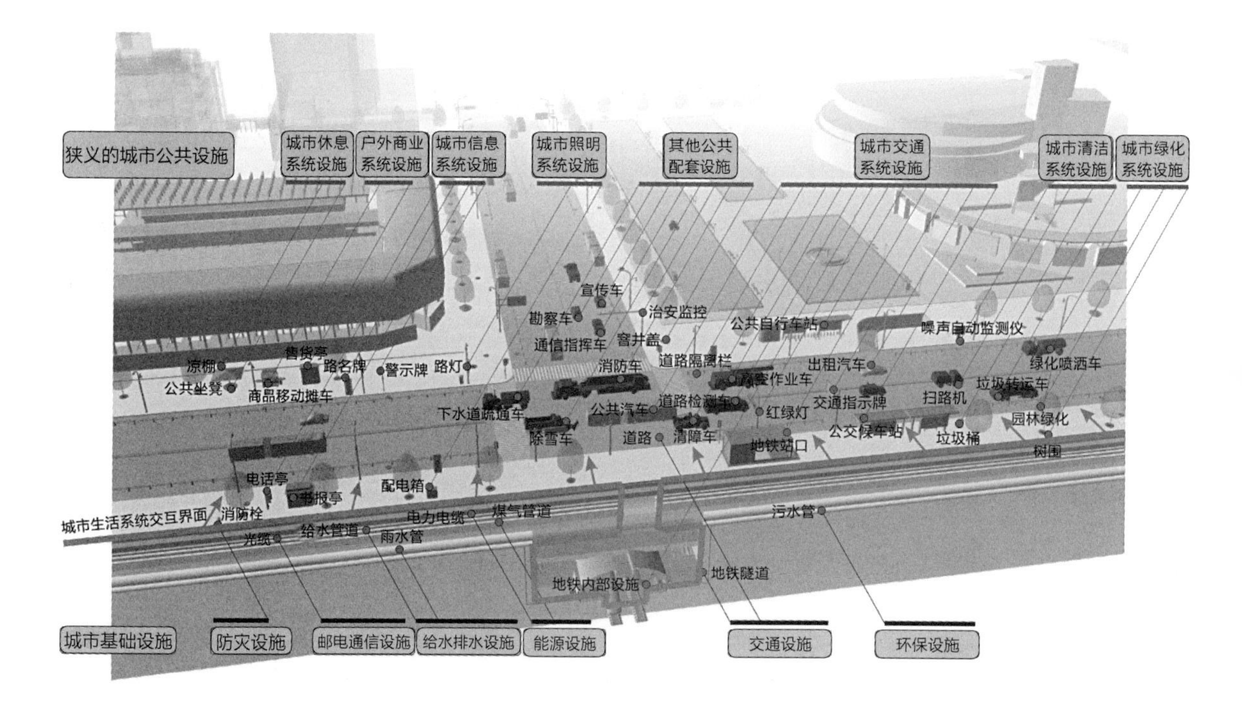


图2-7 狭义的城市公共设施概念内容街道横剖面示意图

## 二、城市公共设施的属性界定

城市公共设施属于是为城市生活配套提供服务的“公共物品”，可以说，公共性是其与生俱来的一种属性。汤敏博士、茅于轼教授在《现代经济学前沿专题》中指出，“公共物品”是由英文“Public goods”一词翻译而来，有的译为公共产品，有的译为社会产品、社会物品，还有的译为公共商品等。[1]而张馨教授在《中国经济问题》中认为这是由于“Goods”这一英文单词没有精确的中文对应词，导致了我国对于该词组的形形色色的译法。[2]

关于公共物品的概念，英国著名哲学家戴维・休谟（David Hume，1711-1776年）在1739年已提出：公共物品不会对任何人产生突出的利益，但对整个社会来讲则是必不可少的，因此，公共物品的生产必须通过联合行动来实现。[3]而美国经济学家南希・伯索尔（Nancy Birdsall）则认为公共物品就是“通过政府的预算资金提供或补贴任一货物或服务”；另外，哈佛大学教授罗伯特・多夫曼（Robert Dorfman，1916-2002年）认为公共货物是一种被享受，而不是被消费的，并且用不着将它们占为己有（就可以获得它们的好处）的物品；还有，密歇根大学教授彼得・O. 斯坦纳（Peter O. Steiner，1922-2010年）认为公共物品与私人市场生产的代替物之间存在着明显的数量和质量上的差异，同时，这个差异存在着有效需求。[4]从更广的意义来说，如李军博士认为：如果从更一般的角度看公共物品，其实际领域还要宽广得多；它不仅包括共同消费的实在物品，同时也可以是具有共同消费特征的抽象事物，如遵守同一的行为准则，履行一致的交

---

[1] 汤敏、茅于轼主编：《现代经济学前沿专题》（第1集），北京：商务印书馆，1989年版，第32页。

[2] 张馨：《公共产品论对我国不具有借鉴意义吗？》，载于《中国经济问题》1998年第3期，第23页。

[3] Hume，D.: *A Treatise of Human Nature. London*: J.Noon 1739，转引自Sandmo，A.: Public goods. The New Palgrave A Dictionary of Economics，1987，P.1061.

[4] 杰拉尔德.M.迈耶：《发展管理中的定价政策》，北京：中国财政经济出版社，1988年版，第342、343页。

易方式、生产方式等。[1]总体而言，当代经济学界给出的公共物品概念五花八门、相当庞杂。

按照美国著名经济学教授萨缪尔森（Paul A. Samuelson，1915-2009年）在《公共支出的纯理论》中的描述，“具有消费的非排他性和非竞争性的物品即为公共物品”。[2]其中，非排他性是指一种公共物品一旦被生产出来，可以同时供一个以上的个人联合消费，无论个人对这种物品是否支付了价格，要排除他人消费这种公共物品是不可能的或者交易费用非常高。而非竞争性是指一个人对公共物品的消费不会减少或者不影响其他人对这种物品的消费。[3]可以说，萨缪尔森所指的公共物品具有一种纯公共性。

而美国著名经济家布坎南（James McGill Buchanan Jr.，1919-2013年）在1967年出版的《民主财政论》中提出了另一种公共物品（也译为公共商品）的概念，他说“任何集团或社团，因为任何原因通过集体组织提供的商品或服务，都将被定义为公共物品。”同时，他还认为，“这样的物品或服务，它们的消费包含某些公共性，在那里，适度的分享团体多于一个人或一家人，但小于一个无限数目。公共范围是有限的。”[4]这种介于私人物品和公共物品之间的物品被布坎南称之为“俱乐部物品”。他还指出这种物品具有有限的非竞争性和局部的排他性。显然，布坎南的俱乐部物品其实是介于萨缪尔森所说的公共物品与私人物品之间的物品，即准公共物品。[5]

我们很难据此便简单地说城市公共设施的一部分内容如公共座椅、垃圾桶等属于纯公共物品，而另一部分内容如城市公交车等属于准公共物品。由于公共物品本身的提法是相对于私人物品而言，两者

---

[1] 李军：《中国公共经济初论》，西安：陕西人民出版社，1993年，第40页。

[2] [美]保罗·萨缪尔森：《公共支出的纯理论》，载于《经济学与统计学评论》，1954年第36期，第387页。

[3] 韩丽荣、郑丽：《注册会计师审计业务与相关服务业务性质探讨》，载于《财会通信》，2011年9月，第99页。

[4]（美）詹姆斯·M·布坎南：《民主财政论——财政制度和个人的选择》，穆怀鹏译，北京：商务印书馆，1993年9月第1版，第20页。

[5] 姜小平：《我国城市公共设施市场化探析》，湖南师范大学，硕士学位论文，2010年5月，第15页。

的区别主要在于私人物品具有竞争性和排他性，而公共物品则相反；事实上，除了人们接受无线广播信号、国防等极端情况，所谓同时具备非竞争性和非排他性特征的纯公共物品是极少数的，换句话说，绝大多数公共物品都属于准公共物品。准公共物品存在一种由于消费者数量增加而产生的拥挤性，进而出现新的竞争性和排他性现象，例如伴随着城市人口的不断增加，公交车变得越来越拥挤，乃至于部分人们遭遇乘车困难等情况。

对于城市公共设施而言，其实质应回归到一种具有公共消费特征的物品，兼具有限的非竞争性和局部的排他性的准公共物品。另外，值得一提的是，就设计学科领域而言，大多数设计学院都开设了产品设计专业，也有如美国芝加哥美术学院等部分学院开设的是物品设计专业。由此，本书主要从设计学科的工业设计专业出发，结合准公共物品所具有的非竞争性、非排他性等基本特征，把城市公共设施视为一种公共产品，强调城市人们生活需求，并展开其系统设计研究。

## 第二节　城市公共设施的沿革、现状与分析

### 一、城市公共设施的沿革

通过城市公共设施沿革的回溯，试图找到适合当下发展的设计脉络和方法，这是一件困难的事。究其主要原因有两个方面：一方面，纵览历史长河，它总跟随在城市、工程、建筑等这些伟大的命题之后，被归为“小品”之列，人们对它的历史没有足够的关注，我们甚至需要从一些考古成果中去找寻它的蛛丝马迹，或者说，其设计历史很难构成一种系统，以回应现代公共设施的诉求；另一方面，公共设施本身的开放状

图2-8

图2-9

图2-8 老北京明信片——北海牌坊（来源于潘家园网，网址：http://www.panjiayuan.com/mall/18717.html）

图2-9 北京故宫慈宁宫前石质日月晷（潘鼐：《中国古天文仪器史》，太原：山西教育出版社，2005年，第104页）

态，以及不断增加的庞杂繁多的内容也造成了它的历史很难进行系统化梳理。大致而言，城市公共设施的沿革可以以工业革命为分界线，对其形成的历史发展的两个基本阶段进行简要叙述。

一是工业革命之前，即农业文明时代。尽管在城市中也出现了诸如娱乐设施、防御设施、卫生设施、照明设施等各种公共设施，但总体而言，宏伟的建筑与广场占据了城市建设的绝对主体地位，同时也由于城市人们公共生活不丰富，公共设施在设计上基本处于跟随城市规划与建筑设计风格的境况，其内容亦相对简单匮乏。

在中国，城市发展所处的大文化环境及历史的延续性较好，演变过程相对稳定，这与当时生产力的发展状况和社会发展阶段密切相关。在城市建设中突显出城墙、道路和皇城的重要地位，强调建造中心对称形制，以及等级分明的礼制观念，这对公共设施的设计、布局均形成了深远的影响，例如牌坊（图2-8）、日月晷（图2-9）、华表、旗杆、桥、塔、照壁、石狮、石桌、石鼓、石灯、石碑、凉亭与彩灯等。

在西方，早期的希腊和罗马城市建设，多采取一种自然的建造形式，那时的城市已设有广场、竞技场、演讲台、敞廊、露天剧场等公众建筑与场所，并配置与建筑和谐对应的雕塑、水池、路灯等公共设施，在满足城市日常生活使用的前提下，与各自的城市风格、建筑等协调一致，例如雅典卫城中优美雅致的雕塑，又如古罗马壮丽宏伟的斗兽场（图2-10）、高架供水渠道等。

在文艺复兴时代的城市建设中，人们一反中世纪的刻板，转而向古希腊和古罗马的艺术中吸取营养，追求古典风格和构图严谨的广场和街道，诸如喷泉、水池、方尖碑等公共设施成为城市重要的标志物，比如威尼斯的圣马可广场（图2-11）。除了艺术的进步，文艺复兴时期的科学、技术都取得了很大的发展，并且提倡科学为人生谋福利，同时，由于修建建筑物的需要，人们发明了很多精巧的建筑机械，也勤于研究运输方法、军用机械以及水利工具等。18世纪初的巴黎成为当时城市建设的典范，在一种向外扩张性的城市空间中，呈轴线放射的香榭丽舍大道，宏伟壮观的协和广场，庄重的凯旋门，以及灯柱、喷水池等公共设施无不表现出整体统一性；这种巴洛克城市街道结构和城市设计思想对

图2-10

图2-11

图2-10　古罗马斗兽场(赵喜伦:《永恒之城——罗马》,载于《华中建筑》,第25卷,2007年12月,第139页)

图2-11　威尼斯圣马可广场(海峰:《威尼斯的圣马可广场》,载于《科学大观园》,2012年06期,第14页)

图2-12　具有新艺术风格的巴黎地铁站入口(转引自王昀,王菁菁:《城市环境设施设计》,上海:上海人民美术出版社,2014年4月第1版,第9页)

欧洲以至美洲的城市建设均产生了深远的影响,这自然也影响到城市公共设施的建设。[1]

二是工业革命之后。英国人哈格里夫斯的珍妮纺纱机、瓦特的蒸汽机出现后,伴随着一系列的技术革命,引起了从手工劳动向机器生产的重大飞跃,形成了人类发展历史中具有里程碑意义的工业革命。这也促使城市及其公共设施的发展进入到一个崭新的历史阶段:一方面,玻璃、钢铁、混凝土等新材料以及新兴技术被大量地运用到城市建设中去;另一方面,由于人们生活的巨大改变,公共设施自身的系统得到了极大的发展,比如新型路灯、道路铺设、升降梯、高架桥、广告塔、候车亭、地铁站(图2-12)等新的公共设施应运而生。这种趋势一直延续到第一次世界大战后,那是现代主义形成和发展的阶段。现代主义源于对机器的尊重和承认,功能主义和理性主义是其关键因素,它激发出艺术家和设计师无穷的想象力,各种艺术与建筑思潮纷纭迭起,也标志着工业设计的开端。

进入20世纪下半叶,人们开始反思科技与现代主义的发展轨迹,一面是在科技、工业、经济等巨大齿轮带动下的现代城市,另一方面是对生态环境、人文脉络的破坏与摧残。无论引发这场精神反思的根源是哪一种艺术思潮,它们都对城市及其公共设施的发展起到了巨大的影响,促使我们重新思考城市与人、环境以及文化的关系。

图2-12

[1] 王昀,王菁菁:《城市环境设施设计》,上海:上海人民美术出版社,2006年1月第1版,第4页。

21世纪进入到技术信息化和经济全球化的时代，文化、科技、商业、人们生活方式的改变，城市化进程的加快等因素都会使城市公共设施在整体环境中的作用、内容、使用范围等被不断地扩大。作为城市生活不可缺少的一部分，公共设施将如何应答现代城市的困境？又将如何为人们营造出更为宜人的居住环境，真正促成美丽城市的愿景？

## 二、国外城市公共设施的现状与分析

### （一）国外城市公共设施的现状

城市公共设施在各国的发展是不平衡的，因为它与一个国家的经济文化发展水平密切相关。在欧美以及一些经济发达的国家，由于工业化程度较高，经济实力比较强大，居民受教育的程度高，在公共设施建设中的投资大，建设比较完善，公共设施的设计也体现出人性化、系统化、艺术化等特征。但是，在发展中国家，尤其是不发达地区，其公共设施发展较为落后，如果要建立起完备的城市公共设施体系必然会经历一个漫长的过程。

例如，法国首都巴黎是一座前卫、时尚、浪漫又富有历史感的世界文化古城。巴黎市内城市公共设施，无论是吉玛德设计的城市地铁入口，还是香榭丽舍大道上那些古典风情的路灯和商亭，都显示出含蓄时尚而又优雅精致的浪漫气息。巴黎人对于精致美的追求已渗透到了血液之中，把这种浪漫当成了一种生活态度，使整个城市处处充满着迷人的优雅格调。[1]

德国的公共设施发展比较均衡，在规划效率上见长。不论城市规模如何，公共设施规划都很规范，全德国设施规格基本统一，种类繁多，功能齐全，这种严格的要求也保证了国民高效而稳定的生活方式。德国的公共设施设计拥有日耳曼民族本身严谨、稳重的特点，始终重视设施的功能效应，并使之有益于人和环境，基于环境意识设计进行统一规划，构建一个整体的系统。此外，由于德国整体重视科技发展，在公共

---

❶ 陈照国：《城市主题文化导向下的公共设施设计研究》，山东轻工业学院硕士论文，2012年06月，第12页。

图2-13

图2-14

图2-13 日本爱知世博会垃圾分类(俞力:《细微之处见精神——爱知世博会垃圾分类和处理的启示》,载于《中国广告》,2006年05期,第150页)

图2-14 可放置自行车的地铁(《感受美国人性化的公共设施》,来源于战略网,2012年11月5日,网址:http://news.chinaiiss.com/html/201211/5/p8a76.html)

设施设计中更偏重于高科技含量与实用的秩序主义。[1]综合地看,德国的城市公共设施可以说是一种"效率"的设计。

日本政府在城市公共设施建设中的资金投入和开发管理力度都比较大,因此,其公共设施的建设相对来说发展较快、较完善。日本的城市公共设施细致严谨,注重人性化及环保意识设计。众所周知,日本爱知世博会在公共设施的人性化设计上成就卓著,可以说是当时的巅峰之作。值得指出的是,日本在垃圾分类这一环节做得非常细致,其垃圾箱都是分类垃圾箱,不管是商业的垃圾箱还是家庭的垃圾箱,一般分为可烧垃圾、不可烧垃圾、罐类垃圾、塑料瓶垃圾、有害垃圾等类型,充分体现垃圾的回收、循环再利用等绿色环保理念(图2-13)。

美国城市公共设施的基础建设工作完善,设施配置系统而完备,同时,也十分注重人性化设计。例如,洛杉矶是一个非常特别的城市,城市面积非常大,但人口密度低,所以那里的地铁是可以携带自行车的,车厢里有专门的自行车和轮椅停放位(图2-14)。而波士顿的街道大部分是英式的小路斜街,有很多岔路口,每个路口的斑马线旁边都安装有行人自助的红绿灯变换按钮,如果需要紧急通过马路,按下按钮,便可安全通过。[2]此外,美国的城市公共设施规划具有一定的

[1] 吴昊:《德国公共设施设计理念探讨》,载于《艺术与设计(理论)》,2010年02期,第124页。

[2]《美国细节:感受人性化的公共设施》,来源于新华网,2012年12月10日,网址为:http://news.xinhuanet.com/overseas/2012-12/10/c_124069167_2.htm

图2-15　扭折的盲道(蔡果:《城市道路中的盲道问题》，载于《中国科技信息　》，2007年24期，第224页)

前瞻性。在美国，如果是地下主干管道，那就时常会被做成“地下长河”，两三米高直径的地下管道到处都是，哪怕是百年不遇的大雨大涝，也不会在城里留下积水。至于路面，哪怕经过的车不会太多，但也要用最好的材质和最高的要求去施工，这样就足以应付以后可能会出现的各种情况。这些做法看上去是一种浪费，但实际上却是一种真正的节俭。[1]

（二）我国城市公共设施的现状

我国城市公共设施的发展与我国社会发展、经济水平及城市化进程紧密相关，它经历了一个从简单粗陋到好看耐用、从零星分散到系统完备、从冰冷机械到温情人性、从低技术到高技术的转变过程。虽然我国城市公共设施有了长足的进步，部分城市如北京、上海、广州、深圳等率先进入现代化都市，但与伦敦、柏林、东京等发达国家城市相比，仍然存在着诸多的不足，公共设施的现状可以从城市形象、设施人性化、供给系统、装备化水平等方面进行简述。

一是城市形象趋同。现代主义带来的格式化设计，在快速提升城市建设发展效率的同时，也造成了城市形象千篇一律，以及城市公共设施千人一面，缺乏对文脉的尊重和关注。南方城市与北方城市的公共设施之间不再存有鲜明的地域特色，从广州、长沙、武汉、郑州，再到北京等城市公共设施基本相近，主要区别仅在于公共设施的质量品相和数量规模。文化可以说就是我们的生活方式，而文脉则可理解为文化的脉络与承继。文化特色的日渐消亡会导致城市魅力的下降，居民自豪感和认同感的丧失。城市公共设施应努力保护城市的建筑文化遗产和民俗文化，和谐处理都市生活、设施现代化与保存传统风貌的关系。[2]

二是设施人性化薄弱。我国城市公共设施缺乏对人本原则的足够重视，以及在规划、设计、施工过程中的贯彻始终。例如，在城市的人行道上往往缺少盲道设置，或者尽管设置了盲道，却未能实现盲道的有效贯通（图2-15），这已成为我国城市建设的普遍现象，旨在打造东方品

---

[1] 陈雪娟，《为啥美国公共设施建设不惜“浪费”》，载于《羊城晚报》，2013-01-19，B5版。
[2] 刘新：《无言的服务，无声的命令——公共设施系统设计》，载于《北京规划建设》，2006年03期，第85页。

质之城的杭州也不例外。再如，城市发展过于追求扩大建筑面积，而忽略城市绿地空间的充分配置，或者在并不宽敞的道路上为了增加绿化率而盲目修建花坛，以至于增加了道路的拥堵。一座城市的根本目的是为人的生存、居住、工作和娱乐提供方便，可是这个“人”包含了儿童、老人和残疾人，如何让绝大多数人能够舒适地使用城市公共设施应成为其人性化设计的考量标准。

三是供给系统性弱。由于各种历史原因，我国的工业化起步较晚，城市化长期处于停滞状态，而且东西部地区经济发展不平衡，同时，在城市建设中通常优先发展道路、桥梁等城市基础设施，而其他与经济发展关系相对较小，但和百姓生活密切相关的公共设施发展较慢。这种缺乏系统性和前瞻性的发展规划使得我国城市公共设施整体建设质量偏低，总体供给水平偏低，且往往落后于城市的发展，乃至成为制约后者的瓶颈，也很难满足城市居民日益增长的生活需求。

四是装备化水平低。我国城市除了地下管网等配套基础设施严重滞后之外，在以建筑、建造为主的城市建设中，城市公共设施的装备化水平低，标准不高，且配备不系统、不全面，普遍缺乏对城市综合减灾和应急救援的有效应对能力。尤其当城市面临突发应急事件，例如杭州、宁波、台州等南方城市，每当台风来袭，城市内往往一片汪洋，而我们往往束手无策，陷于被动与困境。

（三）基于社会、城市、经济与技术的分析

首先，城市公共设施与社会发展紧密关联。关于这一点，我们从公共设施的发展沿革中即可窥见端倪。城市公共设施的变化反映着时代的物质生产和科学技术水平，也体现了一定的社会意识形态的状况，并与社会的政治、经济、文化、艺术等方面有密切关系。可以说，各种社会变革都会在城市公共设施上留下或重或轻的痕迹。从农业社会、工业化社会到后工业化社会、信息化社会，城市公共设施也历经了由简单粗糙、生硬机械逐渐向功能完备、以人为本、注重文脉、系统高效、智慧周到等方向的转变。理解了城市公共设施发展的社会背景，才能够把握其设计的真正动力与源泉。

其次，城市公共设施应与城市经济水平相适应，呈现出一种协调、相互促进、共同发展的状态。这种适应性要求城市公共设施不仅在种类和规模上要满足经济发展的需要，而且要求其设计、质量、管理水平等也要与经济发展阶段、发展水平相适应。

如果城市公共设施与经济水平相适应，那么它与经济增长将呈现正相关的关系。从短期来看，城市公共设施有助于提高生产效率，尤其是交通与通信方面设施的投入对经济增长的作用明显。[1]从长期来看，城市公共设施的发展将增强城市的吸引力和比较优势，吸引更多的劳动力和企业流入城市，扩大城市经济规模，促进城市的产业置换和结构调整，从而实现城市的经济增长。如果城市公共设施与经济水平不适应，例如其供给不能满足经济发展的要求，那么它将成为经济发展的“瓶颈”，对后者起到阻碍的作用。

再次，城市公共设施与城市化之间存在着既相互促进又相互制约的关系。一方面，城市公共设施的发展与城市化进程是相伴相随的。城市公共设施发展的好，能够提供适度的条件，那么它一定会推动城市化的发展；另一方面，稳健的城市化进程也会促进城市公共设施的改善与配置。另外，城市化与城市公共设施的发展经常会出现不协调的现象，比较常见的情况是公共设施落后于城市化的发展，这种现象的结果会造成彼此的制约。

城市化的本质特性在于集聚产生效益，但是这种集聚绝非简单、机械式的叠加，而是一个系统的增长。在这一过程中，城市公共设施将起到非常重要的作用，它为这种集聚提供了最基本的物质条件，而且自身也成为集聚的一个要素，对集聚起到推动作用。[2]可以说，没有公共设施的发展，城市化几乎无从谈起，前者水平的高低是衡量后者质量的一个标志。

最后，城市公共设施与技术的发展共生共长。这种关系表现出两个情况：一方面，新材料、新技术的运用改变了城市公共设施本身，对它的设计、生产、配置和管理都提出了新的变革要求。例如，随着数字化时代的到来，各种基于数字平台、借助计算机二维码的产品应运而生，

---

❶ 迟福林：《中国基础领域改革》，北京：中国经济出版社，2000年。

❷ 许成安、戴枫：《城市化本质及路径选择》，载于《淮阴师范学院学报（哲学社会科学版）》，2002年04期，第445页。

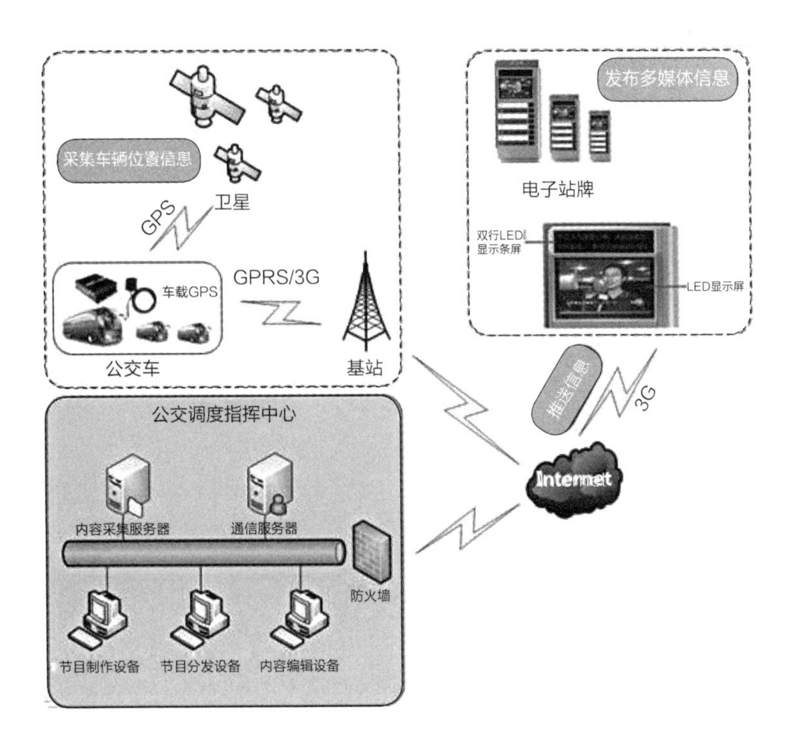


图2-16 城市智能公交电子站牌系统示意（王延义:《国内智能公交电子站牌的市场发展浅析与实际应用》，来源于中国交通技术网，2014年4月9号，网址：http://www.tranbbs.com/application/public/application_132970_2.shtml）

越来越多的感应式灯具、LED 大屏幕、智能公交车站、智能导游查询机等基于数字化技术与设备的公共设施层出不穷，它们的公共服务管理也将呈现出信息化的趋势，如图2-16所示。

另一方面，数字技术在改变着人类生活方式的同时也带来了一系列的社会问题和文化问题，公众对公共设施的社会责任和审美心理、美学感知也在发生变化。例如，人们对城市的可持续性发展提出了更多的思考，希望新技术能够为人与城市环境的协调发展提供更优质的解决方案。又如，人们不再满足于获取被动式的公共服务，而是希望能够参与其中，享受更多的互动，同时提升认知与使用体验。

综上所述，作为公共产品的城市公共设施，其发展与社会、城市、经济及技术等因素紧密相关，这一现象从公共设施诞生之日起既已存在。在21世纪的今天，这种关联性将更为密切，这也促使我们以更宏观、更系统的眼光来看待和设计它们。

# 第三节　城市公共设施分类比较与梳理

## 一、城市公共设施分类比较

从上文关于城市公共设施的沿革、现状分析中可以看到，随着社会的不断发展，公共设施的内容越来越丰富，数量不断增加，设计面临着日益复杂化、系统化诉求的局面。在对现有公共设施相关的各基本概念认识与梳理的基础上，我们需要深化公共设施内容的分类研究，通过各内容分类的细化比较，进一步理顺公共设施的认知及其系统关系。

本书站在设计学科的研究领域，结合公共设施的概念与内容等情况，对城市基础设施、城市家具、城市公共装备，以及狭义的城市公共设施等各概念及其内容的范围覆盖面、重要度顺序，及其实现难度指数等方面进行分类比较与分析。

一是关于内容的范围覆盖面比较分析（表2-1）。

城市公共设施各内容的范围覆盖面比较表　　表2-1

| 内容 | | 城市基础设施 | 城市公共装备 | 城市家具 | 狭义的城市公共设施 |
| --- | --- | --- | --- | --- | --- |
| 能源 | 电力照明，如路灯、配电箱等 | ● | ● | ● | ● |
| | 其他能源类设施，如煤气、天然气、暖气和新兴太阳能设施等 | ● | | | |
| 给水排水 | 如水资源保护、给水管网、排水和污水处理、窨井盖等 | ● | ● | ● | ● |
| 交通 | 对外交通设施如航空、铁路等；对内交通设施如道路、桥梁、公共交通等 | ● | ● | ● | ● |

续表

| 内容 | | 城市基础设施 | 城市公共装备 | 城市家具 | 狭义的城市公共设施 |
|---|---|---|---|---|---|
| 信息 | 邮电通信，如邮政、电话、互联网、广播电视以及书报亭、电话亭等 | ● | | ● | ● |
| | 信息指示牌，行人导示牌、路名牌、店招店牌等 | | | ● | ● |
| 环卫 | 卫生，分类垃圾桶、城市垃圾中转站，以及垃圾清运车等 | ● | ● | ● | ● |
| | 绿化，如花坛、树围、绿化维护设施等 | ● | ● | ● | ● |
| 防灾 | 如消防、防汛、防震、防台风、防风沙、防地面沉降、防空等 | ● | ● | | ● |
| 休息 | 如公共座椅、自助饮水设施、休息亭等 | | | ● | ● |
| 商业 | 如售货亭、餐饮和小商品移动摊车等 | | | ● | ● |
| 其他 | 如城管执法、治安监控、城市亮化等 | | ● | ● | ● |
| 城市公共设施各内容的范围覆盖率 | | 67% | 58% | 83% | 92% |

从城市公共设施各内容的范围覆盖面统计数据看，狭义的城市公共设施内容的覆盖面为92%，这反映出其既关注城市的宏观生活系统，也重视城市的微观生活系统，是一种比较全面看待城市问题、生活需求的分类体系；而城市公共装备内容的范围覆盖率仅为58%，这也从另一个角度体现了其从产业出发导致的相对狭隘的视野，另外，主要着眼点往往聚焦于城市建设大项目、大工程的城市基础设施内容的范围覆盖率亦

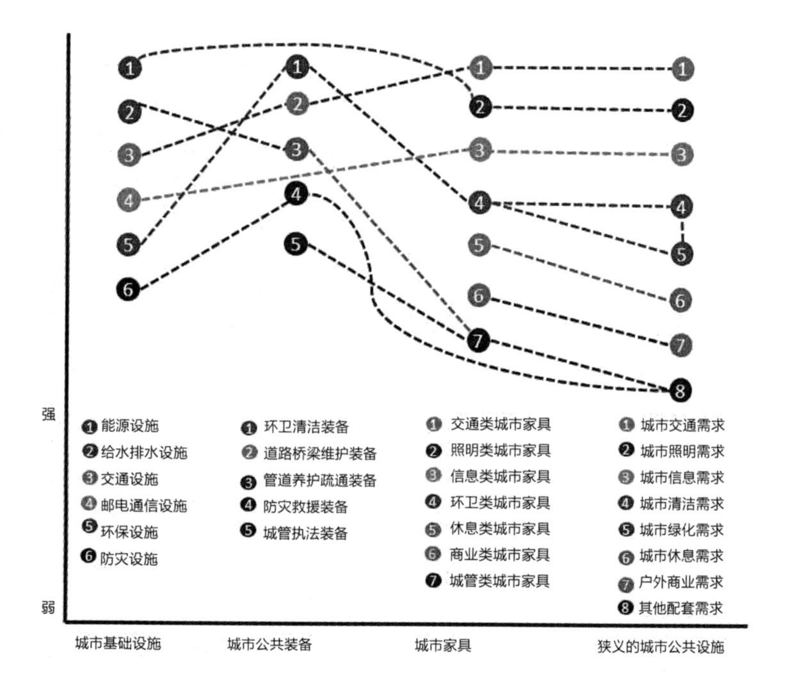


图2-17　城市公共设施各内容的重要度顺序比较

不高，这也为我们的政府有关部门作了一个提醒，城市建设也同样应该关注那些微观生活的需求。

二是关于内容的重要度顺序比较分析（图2-17）。

由于行业视野、专业习惯的不同，其内容分类子项目的重要度往往不同。上表关于城市公共设施各内容的重要度顺序比较表显示了一些颇为有趣的情况，例如，环保设施在城市基础设施、城市家具、狭义的城市公共设施中的重要度相对一般，但其在城市公共装备中的重要度最高；再如，给水排水设施从左至右、从高到低，其重要度一路下滑；又如，关于城市户外生活休息类、商业类设施在城市基础设施、城市公共装备的主要内容栏目中没有出现，换句话说，这意味着它不重要。另外，值得一提的是，交通类、照明类、信息类设施在各个概念下的重要度保持了基本稳定的水平，表明了这三项内容的确是城市生活中相当重要的组成部分。

三是关于内容的实现难度指数比较分析（表2-2）。

城市公共设施各内容的实现难度比较表　　表2-2

| 城市基础设施 | 城市公共装备 | 城市家具 | 狭义的城市公共设施 |
| --- | --- | --- | --- |
| 能源设施<br>+++++ | | 照明类城市家具<br>++ | 城市照明需求<br>++++ |
| 给水排水设施<br>+++++ | 管道养护疏通装备++++ | | 其他配套需求1<br>+++ |
| 交通设施<br>+++++ | 道路桥梁维护装备++++ | 交通类城市家具<br>+++ | 城市交通需求<br>+++++ |
| 邮电通信设施<br>++++ | | 信息类城市家具<br>++ | 城市信息需求<br>++++ |
| 环保设施<br>++++ | 环卫清洁装备<br>++++ | 环卫类城市家具<br>++ | 城市清洁需求<br>++++ |
| | | | 城市绿化需求<br>+++ |
| 防灾设施<br>+++++ | 防灾救援装备<br>+++++ | | 应急救援需求<br>+++++ |
| | 城管执法装备<br>+++ | 城管类城市家具<br>++ | 其他配套需求2<br>+++ |
| | | 休息类城市家具<br>++ | 城市休息需求<br>++ |
| | | 商业类城市家具<br>+++ | 户外商业需求<br>+++++ |

难度指数：易+　较易++　普通+++　较难+++++　难++++++

从上表中可以清晰地看到一个现象，城市家具内容的实现难度指数最低，这与其往往主要是在已有产品基础上的改良设计性质有关，既不存在核心技术研发的难度，一般也不存在各种资源系统的整合复杂度。而城市基础设施、城市公共装备、狭义的城市公共设施等均处于实现难度相对较高的状态。如果说，城市基础设施的实现难度在于工程体量、资金压力等方面，城市公共装备的实现难度在于产品的核心技术、生产质量等方面，那么，基于生活系统交互界面的狭义的城市公共设施的实现难度在于其复杂的社会因素，以及多部门交叉、各种利益关系平衡的系统协调等方面。

在城市公共设施设计中，我们经常强调要以人为本、以民为本，但上述各个设计评价表的结果却反映出另一种现象，通过范围覆盖面、重要度顺序、实现难度等比较分析，更多呈现一种以行业领域为划分、以专业界线为区隔的高墙与孤立的系统，在行政化、行业化、利益化等驱动下，城市公共设施作为一种公共产品的基本属性被模糊化了，而“以人为本”的导向则在无形之中被各种本位主义及其背后的各种诱因所置换。

## 二、城市公共设施分类梳理

在前文所述的城市公共设施概念认知、属性界定、分类比较的基础上，关于狭义的城市公共设施的进一步细化分类与重构，应充分强调城市生活“人、事、场、物”系统交互界面的总体分类主线，同时，尊重城市建设的现有基础系统，并在此基础上进行新的系统整合与梳理。这种围绕着生活系统的工作思路可能有助于增加设计的黏性，以及服务内容的广度和完善度，从而更好地在整体系统的框架下把握各相关子系统的运行。

由此，城市公共设施的分类与重构，应该在工程性城市基础设施分类的基础上，参考城市公共装备、城市家具的分类现状。但既不应简单以工程性基础设施的工程化分类方式，也不应以城市公共装备的产业化分类方式，也不应以类似城市家具的单体产品化分类方式，而应从城市生活系统交互界面的需求出发，如城市出行、城市照明、信息交流、环境卫生、景观绿化、休息停留、小吃小商、应急救援以及其他城市户外生活等，重新梳理其分类，并结合城市日常户外生活的内容频率、重要度等情况，形成基于城市生活系统交互界面的狭义的城市公共设施系统分类梳理，如图2-18、2-19所示。

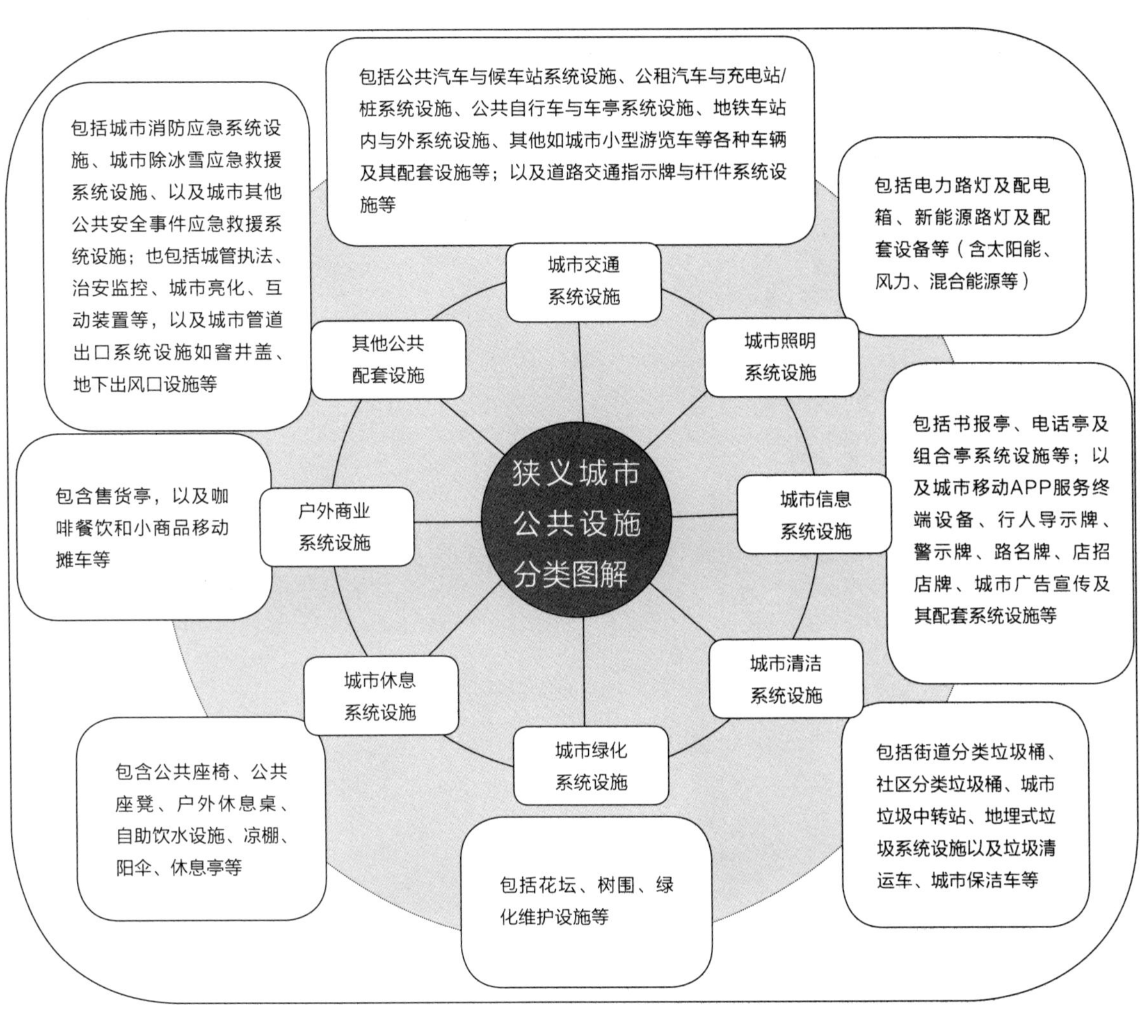

图2-18 狭义的城市公共设施分类图解

图2-19 狭义的城市公共设施分类梳理——街道纵剖面示意图

# 第三章

# 城市公共设施系统设计研究

第一节　城市公共设施设计思考

第二节　从设计边界到广义的系统设计观

第三节　城市公共设施系统设计的要素、层次与体系

# 第一节　城市公共设施设计思考

## 一、设计与人为事物

所谓设计，指的是把一种计划、规划、设想、问题解决的方法通过视觉的方式传达出来的活动过程[1]。人类通过劳动改造世界，创造文明，创造物质财富和精神财富，而最基础、最主要的创造活动是造物，设计便是造物活动进行的预先计划，可以把任何造物活动的计划技术和计划过程理解为设计。

显然，设计首先可以视为一件人为的、有目的、有计划的事。正如，美国著名的诺贝尔经济学奖获得者赫伯特·A. 西蒙（Herbert A. Simon，1916-2001年）在《关于人为事物的科学》中所说的关于人为事物的定义描述：①人为事物由人工综合而成；②人为事物可以模拟自然事物的某些表象，而在某一方面或若干方面，缺乏后者的真实性；③人为事物可以用其功能、目的和适应性加以刻画；④对人为事物，特别是在设计它们的过程中，通常既用描述性的方式，也用规定性的方式讨论之。[2]柳冠中先生在其《工业设计学概论》[3]中也明确提出，设计是一门关于人为事物的科学，主要包含人的设计理念、思维方法、研究过程以及创造力、实践能力等内容。

与自然事物相比，人的能动性、目的性，以及有计划的系统性是设计作为一种人为事物的基本属性特征。让我们换个角度再思考问题：设计究竟是为了什么？众所周知的回答是：为人，为了人的生活。

那么，生活又是什么？通常，我们说生活就是衣、食、住、行，如筷子反映了一种“食”的生活方式，而汽车则提供了一种“行”的解决

---

❶ 王受之：《世界现代设计史》，北京：中国青年出版社，2002年第一版，第12页。

❷（美）西蒙：《关于人为事物的科学》，杨砾译，北京：解放军出版社，1988 年版，第11页。

❸ 柳冠中：《工业设计学概论》，哈尔滨：黑龙江科学技术出版社，1997年版，第7页。

图3-1　耐克Air Zoom Moir+iPod运动套件(来源于苹果官网，网址：http://apple.tgbus.com/zt/ipod/accessories/)

方案。生活是一个包含从简单到复杂、从物质到非物质、从单一价值到多重价值，且不断变化生长的巨系统；同时，生活的内容与设计的对象存在着系统演化的多种可能。

例如，关于一双运动鞋的设计。当耐克将运动从孤芳自赏的肌体锻炼上升到一种生活方式，那么一双运动鞋所需的技术与材料就不能仅仅满足于舒适、轻量化与保护性等单纯的要求了。[1]耐克Air Zoom Moir——穿在脚上的iPod（图3-1），该产品通过内置的无线传感器、同步接收处理器，以及数据储存与分析等技术方式，把时间、距离、热量消耗值、步幅等运动锻炼和健康方案、愉悦生活甚至社交活动等关联在一起。这个案例一方面说明了生活态营造是设计的目的性，另一方面，从方案构思、内容深化、设计造型、技术解决、系统运行等方面则显示出设计的系统性。

显然，人为事物不是凭空产生的，通常是由于某个特定的“事”的目标或任务引发，在一定的社会、经济、技术、环境等“场”因素的影响下，人们通过一定的程序、方法和手段，继而才有“物”的产生，即所谓“超以象外、得其圜中”。在这个由表及里、透过现象看本质的过程中，“人、事、场、物”等要素才会得以充分显现。

对于城市公共设施而言，其“人”，既包括用户如市民、游客，也包括设计者、管理者，以及生产者、经营者等；其“事”，包括城市人户外生活如出行、交往、休息等各种需求，以及由不同类型需求产生的目标或任务，如面向城市美学的公共设施系列设计、面向城市打车难的公共租赁汽车系统设计等；其“场”，既包括社会、经济、技术与城市文化等非物质化形态的“场”，也包括城市空间、街道环境等物质化形态的“场”；其“物”，主要是支撑城市人户外生活的公共交通汽车、出租车、信息中心亭、坐凳、垃圾桶等公共设施系统。在城市公共设施“人、事、场、物”诸要素的关系中，“事”的目标与任务主导着设计的开始，进而影响其他要素，同时伴随着“事”发生、发展的过程，“人、场、物”等要素亦对“事”形成互动与影响，其中，不同层次的“事”

[1] 王昀：《产品的体验》，载于《新设计》，杭州：中国美术出版社，2007年9月第1版，第75页。

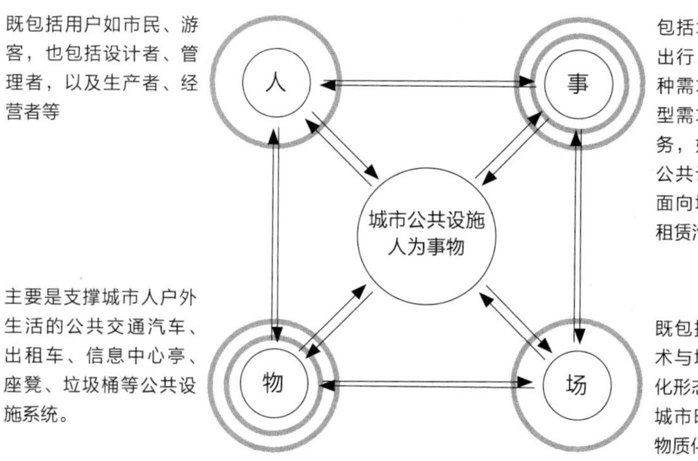


图3-2 城市公共设施“人为事物”分析图

往往产生相对应层次的“物”，如图3-2所示。

设计作为一种人为事物的目的，是为了生活或者说是一种生活系统，而生活系统总是存在于一定的社会环境之中，人为事物具有天然的社会性、时代性等背景因素。正如，汪丁丁在《体验经济》[1]的中文译本序里所说：不同的经济发展阶段为我们提供的“衣、食、住、行”，表现出实质性的差别。以与城市交通生活出行相关的交通工具为例，从农业文明时代的牛车、马车，到工业革命后蒸汽驱动火车的诞生，从卡尔·本茨（Karl Benz，1844－1929年）的第一辆三轮汽车到福特T型车、电动汽车以及谷歌无人驾驶汽车等，在这个过程中，显现出在不同的社会发展阶段，人们的生活观念与需求不同，与之相关联的产品不同，而设计的目标价值、思维方法乃至评价导向等亦不同。

## 二、城市公共设施与一般产品的设计比较

### （一）城市户外活动类型分析

以设计作为一种人为事物的角度来观察，城市公共设施是为了城市户外生活的需求，那么，首先需要对城市人的日常户外活动类型进行分析。

[1]（美）约瑟夫·派恩、詹姆斯·H.吉尔摩：《体验经济》，夏业良、鲁炜译，北京：机械工业出版社，2002年版。中国经济学家、美国夏威夷大学经济学博士汪丁丁为该书的中译本写序。

对于城市日常户外生活来说，主要由人、活动、公共设施、街道环境等内容组成，即“人、事、场、物”四个方面，其中人的活动行为是设计的线索。城市日常户外活动大致可以分为三种类型：必要性活动、自发性活动和社会性活动。在城市中，每一种活动类型的发生与城市街道环境直接存在着相互影响的关系，如图3-3所示。

一是必要性活动，主要包括如上班、上学、购物、候车、出差等城市人日常工作和生活事务性活动。这一类活动大多与交通出行有关，同时，因为这些活动一年四季在各种条件下都可能发生，人们没有太多的自由行为选择余地，主要取决于诸如公交巴士、出租车、公共自行车、地铁、道路、桥梁、信息指示牌等城市公共设施系统的合理性、完善性以及运行的有效性。

二是自发性活动，主要包括散步、呼吸新鲜空气、驻足观望有趣的事情以及坐下来晒太阳等活动。这一类活动只有在外部条件适宜、天气和场所具有吸引力时才会发生，主要与街道环境诸如路灯、景观灯、休息亭、座椅、栏杆、花坛、喷泉、公共艺术小品等外部物质条件的优劣相关。

三是社会性活动，主要包括儿童游戏、互相打招呼、交谈、各类公共活动以及最为常见的相对被动的接触式或非接触式活动，即人在场所中感知他人或被他人感知。这一类活动有赖于他人的参与，与活动发生的地点、场合有着直接的关系，比如住宅区旁、学校附近、工作单位周围等区域，由于人群的接触机会、生活背景相似度高，更为容易产生这类社会性活动。

一般来说，城市中的社会性活动大多处于浅层次的状态，但是，这种有限的活动也是极具吸引力的。人们在同一场所中经过、徜徉就会自然引发各种社会性活动，这意味着只要改善公共空间中必要性活动和自发性活动的条件，就会间接地促成社会活动；从另外一个角度讲，必要性活动、自发性活动和社会性活动都有可能同时在一条街道上发生，不宜对这三类活动在场所空间中进行截然划分，而是应该针对不同的场所环境，采取不同的设计手段以引导人的活动。这对于从生活出发开始城市公共设施系统设计是具有指导性意义的。

图3-3　城市户外活动类型比较（王昀，王菁菁：《城市环境设施设计》，上海：上海人民美术出版社，2014年4月第1版，第21页）

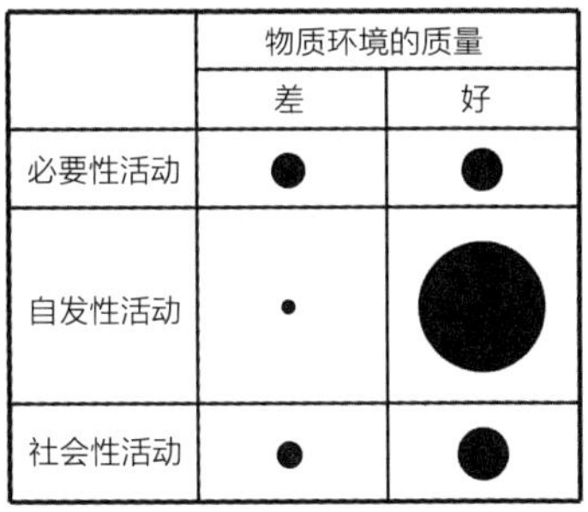

| | 物质环境的质量 | |
|---|---|---|
| | 差 | 好 |
| 必要性活动 | ● | ● |
| 自发性活动 | • | ⬤ |
| 社会性活动 | ● | ● |

（二）城市公共设施与一般产品的设计比较

显然，城市户外活动类型存在着较大的随机性、不确定性，首先，我们不宜单独只为某一类型的户外活动而设计，而忽略其他户外活动类型的可能，在通常情况下，主要根据城市公共设施所面对的各种城市户外生活如交通、照明、信息等类型的需求，为城市户外必要性活动提供便利的公共设施配套；同时，结合公共设施所处不同类型环境的要求进行细分化设计，如普通道路旁的垃圾桶更接近一种小型化的果壳箱，而住宅区里则应考虑采用体量较大的垃圾桶等。其次，应该通过设计为城市户外自发性活动、社会性活动提供完善的公共设施系统，并尽可能针对一些特定的场所空间如步行街、住宅区旁、工作集聚区旁等营造良好的户外活动环境氛围。

城市户外活动相对随机性与汇聚性并置的状态，使得为城市户外生活提供外部物质条件的公共设施，更多扮演为城市人们公共的生活系统配套而非城市个人专属服务的角色，是为城市人们提供一种公共产品及其相关服务，显然，这与被私人所拥有的产品（简称“一般产品”）存在极大的不同之处。

我们回到设计的人为事物角度，通过公共设施与一般产品“人、事、场、物”的不同内容进行比较，有助于进一步厘清基于城市户外生活系统交互界面的公共设施设计认知（表3-1）。

城市公共设施与一般产品“人、事、场、物”的不同内容比较 表3-1

| 人-事-场-物 | 城市公共设施 | 一般产品 |
|---|---|---|
| 人 | 用户：市民、游客（大多数人共有共用）<br>设计者：设计师、城市管理者<br>服务：城市管理者、生产者、经营者 | 用户：消费者（个人私有私用）<br>设计者：设计师<br>服务：生产者、经营者 |
| 事 | 城市户外生活系统需求<br>产品+公共服务 | 各种生活需求<br>产品+服务 |
| 场 | 城市空间、街道场所等物质化环境 | 各种产品使用环境 |
| 物 | 各种城市公共设施系统 | 各种产品系统 |

关于“人”，城市公共设施与一般产品之间的主要区别是两点：一是前者的“人”，是指大多数人共有共用，也包括老弱残障等群体的通用性，具有“众人”的属性；后者的“人”，是指消费者私有私用，具有“个人”的专属性。二是前者的设计、服务主体不仅包含一般产品意义上的设计师、生产者、经营者，还包含城市管理者，既作为设计者参与设计，也作为服务者参与管理运营。

关于“事”，二者之间的主要区别是两点：一是前者作为一种公共服务强调非排他性、非竞争性乃至公益性，而后者作为一种消费者服务注重排他性、竞争性乃至利益性。二是前者强调经济投入直接成本的合理性，不主动区分公共设施的高档与否；后者追求经济投入成本与市场售价高低之间的利润最大化，通常会有所谓高档市场、高档产品、高档售价或者低档市场、低档产品、低档售价等区分。

关于“场”，二者之间的主要区别是两点：一是前者具有明确的地域属性与城市文化根性，存在于特定的城市空间，后者无清晰的地域属性，但有一般意义上的用户人群生活文化背景因素，且会出现在不同城市和不同地区。二是前者强调在具体城市空间、街道场所中的设计关系，后者主要从通常的产品使用环境出发，要求产品对各种相关的产品使用环境具有适应性。

关于“物”，二者之间的主要区别是一点：前者注重公共设施的系统性，通常以成组、成套的方式为城市户外生活提供系统配套服务，后者则是单件产品或成套产品兼而有之，但会强调产品的售后维修与服务等。

综上所述，城市公共设施与一般产品的“人、事、场、物”内容存在着较大的差别，由此，我们可以从二者的设计不同的关键词比较中继续清晰设计认知（表3-2）。

城市公共设施设计所具有的比如众人（共有共用）、公共服务、公益性、非排他性、合理性等关键词，以及一般产品设计所具有的比如个人（私有私用）、非公共服务、利益性、排他性、利润最大化等关键词，清楚地显示了二者的区别，尤其是设计目标和价值导向的区别。

城市公共设施与一般产品的设计不同关键词比较 表3-2

| 人-事-场-物 | 城市公共设施 | 一般产品 |
| --- | --- | --- |
| 人 | 众人（共有共用） | 个人（私有私用） |
| 事 | 公共服务<br>非排他性、非竞争性与公益性<br>合理性 | 非公共服务<br>排他性、竞争性与利益性<br>利润最大化 |
| 场 | 清晰的地域属性<br>城市空间场所 | 无清晰的地域属性<br>产品使用环境 |
| 物 | 成组、成套 | 单件或成套 |

在商业社会的影响下，一般产品越来越趋向于一种逐利的、个人的、利益至上的设计价值观，而城市公共设施与之相比则有着极大的不同。尽管，城市公共设施在很多情况下也同样需要市场、商业的介入，比如在政府失灵时通过市场作用来解决问题等；此时，除众人、公共服务、非排他性等公共设施设计基本点以外，公益性与利益性、合理性与利润最大化等之间关系会产生新的变化，这需要政府和市场进一步的协同解决（参见第四章第三节关于城市交通生活中打车难的问题与解决案例分析）。但毋庸置疑，城市公共设施的总体设计目标与价值导向是一种为大众的设计。

## 三、设计价值观反思

### （一）从现代设计历史看设计目标与价值的演变

关于设计目标与价值导向的问题，事实上，伴随着工业革命的诞生，从威廉·莫里斯（William Morris，1834～1896年）到沃尔特·格罗皮乌斯（Walter Gropius，1883～1969年），现代设计先驱们便早已旗帜鲜明地提出了设计主张：为大众的设计。

回溯现代设计的历史，英国著名的艺术与工艺美术运动领导者莫里斯说："我不愿意艺术只为少数人服务，仅仅为了少数人的教育和自由”。[1]尽管，莫里斯所找寻的自我设计理想与社会幻想，在其理论与实际工作之间有所割裂，但他所强调的一些重要的观点都在后来的现代主义设计中发扬光大，例如产品设计和建筑设计是为千千万万的人服务，而不是为少数人服务的活动；美与实用的结合等。[2]

代表着现代设计开端的包豪斯，其首任校长格罗皮乌斯的设计思想同样具有鲜明的民主色彩和社会主义特征，他一直希望设计能够为广大的劳动人民服务，而不仅仅是为少数权贵服务。早在1910年，格罗皮乌斯就已经开始考虑为工人阶级设计住宅，之所以采用钢筋混凝土、玻璃、钢材等现代材料，并且采用简单的、没有装饰的设计，主要是考虑造价低廉等问题（图3-4）。他曾经写信给德国电器公司的总裁，建议由他设计一种标准化的、批量生产的、拼装式的、低造价的工人宿舍。[3]

也正是基于这种极具社会责任意识的设计目标与价值的思考，与其说包豪斯是一个设计学校，不如说包豪斯是一个关于团队精神、社会平等、社会理想的设计实验场，包豪斯用自己的实际探索行动给出了具有启示意义的答案。以包豪斯为代表的欧洲设计，逐渐建立了“以解决问题为中心”的设计体系，这与第二次世界大战（简称二战）后以美国设计为代表的强调商业效益的诸如“式样设计”[4]等形成了鲜明的对比。

二战后的西方设计界正是商业设计大行其道的局面，其中美国的“有计划商品废止制”[5]更是将这种趋势推向了极端。纵观当年的设计思想，整个国际设计界对利益驱动下的商业主义设计泛滥成灾的局面，放弃了自身对设计的社会责任的考量，并对这种形势存在着认识上的误区。

图3-4　1911年德国法古斯鞋厂（Fagus Factory Atfeld）（高博：《走访格罗庇乌斯在德国汉诺威阿尔费尔德的法古斯鞋厂》，载于《世界建筑》，2009年2月，第120页）

❶（英）尼古拉斯·佩夫斯纳：《现代设计的先驱者：从威廉.莫里斯到格罗皮乌斯》，王申祜、王晓京译，北京：中国建筑工业出版社，2004年10月第1版，第4页。

❷ 王菁菁：《设计·责任——从莫里斯、格罗皮乌斯谈起》，载于《包豪斯与东方——中国制造与创新设计国际学术会议论文集》，杭州：中国美术学院出版社，2011年10月第1版，第38页。

❸ Hans M. Wingler，*The Bauhaus: Weima，Dessau，Berlin，Chicago，Cambridge*，MA: The MIT Press，1976.

❹ 指产品内部的机械结构设计完成后，所从事的追求外表视觉效果的工作，用来刺激消费者的购买欲。

❺ 20世纪五六十年代，通用汽车公司在汽车设计中有意识推进的一种制度，目的在于以人为方式有计划的迫使商品在短期内失效，造成消费者心理老化，促使消费者不断更新，购买新的产品。在美国，“计划废止制”的设计观念涉及包括汽车设计在内的几乎所有产品设计领域。

1971年，美国设计理论家维克多·帕帕纳克（Victor Papanek，1927～1998年）在其《为真实的世界设计》一书中提出：设计应该为广大人民服务，设计不仅应该为健康人服务，同时还必须考虑为残疾人服务；另外，设计应该认真考虑地球的有限资源使用问题，设计应该为保护我们的地球而服务。[1]令人感到焦虑的是，六十多年前帕帕纳克的担忧与倡导，迄今依然值得我们引起重视并为之努力。

据不完全统计，99%的设计价值是通过商业实现的，无论这个数据是否过于夸张，但的确说明了在商业社会中，市场经济的强势地位与导向作用。在设计与经济发展、科技革新等关系愈来愈密切的今天，生活方式被网络、信息和各种影像层层裹缠，技术的革新让人备尝“双刃剑”的滋味，而品牌运营更是起到推波助澜的作用。面对市场上琳琅满目、五花八门、种类繁多却同质化的“山寨”[2]产品，打着大众消费旗号的所谓设计创新令人目不暇接，设计似乎正在日益背离现代设计最初的意愿……在这里，值得一提的苹果公司的产品与设计，尽管乔布斯推出的苹果iPhone手机售价不菲，然而毋庸置疑其具有大批量、标准化等为大众设计的显著特征，但问题是今天在“山寨”的海洋中还有几只“苹果”？

本书并非仅想歌颂莫里斯、格罗皮乌斯等先驱者的伟大设计理想，事实上，在现代设计的批量化、标准化教义下隐含着诸如个人主张、独裁、强制、集中等因子，过于偏向一种理想化、简单化的大众设计理解。然而，大众不是由单一族群组成的，而是由诸多不同的社会背景、生活习俗等复杂人群类型所构成，诸如苹果等后现代设计没有简单地通过产品形式、品类翻新等方式来应对迅速变化的市场，而是通过产品内容创新等“软设计”的方式赢得激烈的竞争，这恰恰显示了设计的用户至上、民主、包容、多元等特色，是一种面向用户需求的分类化、多样化的大众设计认知。于此，一方面，我们赞美为大众设计的主张，反思

---

[1]（美）维克多·帕帕奈克（Victor Papanek）:《为真实的世界设计》，周博译，北京：中信出版社，2013年1月第1版，第8页。

[2] 山寨出自粤语，原指那些没有牌照、难入正规渠道的小厂家、小作坊。通俗说就是盗版、克隆、仿制等，以低的成本模仿主流品牌产品的外观或功能，并加以创新，最终在外观、功能、价格等方面全面超越这个产品的一种现象。

商业社会利益驱动带来的种种弊端，另一方面，审视现代设计下具有主观意志的、单向度的设计特征，体悟后现代设计以用户为中心的、多向度的设计探索。

从莫里斯、格罗皮乌斯到“式样设计”、“山寨”产品再到苹果设计，既反映着设计历程的岁月变迁，也提醒我们应该不断进行设计目标与价值的思考。

（二）从今天的日常生活看设计的境遇

今天，我们生活的周遭充满了西式的品牌与产品，它们的蔓延无声地推销着西化的生活方式，影响、改变着中国人的生活世界。在中国，设计的生存土壤比过去具有更为明显的商业化与全球化的社会特征，设计正在走向一种全民式的“被设计”。[1]从设计的本源上看，设计应具有相当的主动性，是一种以创造物质财富和精神财富为目标的造物活动。但是，今天的设计在残酷的物质主义和经济社会现实面前，呈现出过分恭顺的态度。对政府而言，设计与创新成为一种政策，可以通过设计迅速完成从OEM[2]向OBM[3]的转变，推动企业行业的转型升级，进而提高GDP；对企业家而言，他们更希望设计是一种魔术，通过漂亮的外观就可以为企业带来新的经济利润；对学生和设计师而言，设计已经成为一种谋生的手段，雇主需要什么就设计什么。我们不难发现，在这一系列错综复杂、相互交织的链接关系中，设计是否已沦为追逐最大化经济利润的手段？[4]

我们为什么设计？从设计的本质入手，不难找出答案，即为了人

---

❶ 徐红梅：《物蕴智，智启心——从包豪斯作品入藏杭州说起》，载于《人民日报》，2011年11月20日 08 版。

❷ OEM即原始设备制造商，也称定点生产，俗称代工（生产），基本含义为品牌生产者不直接生产产品，而是利用自己掌握的关键的核心技术负责设计和开发新产品，控制销售渠道，具体的加工任务通过合同订购的方式委托同类产品的其他厂家生产。

❸ OBM（原始品牌制造商），即生产商自行创立产品品牌，生产、销售拥有自主品牌的产品。A自行创立A品牌，生产、销售拥有A品牌的产品，称为OBM；A方自带要求，让B方负责设计并生产，或者A看上B的产品，用A品牌生产，叫ODM；A方自带技术和设计，让B方加工，这叫OEM，对B方来说，只负责生产加工别人的产品，然后贴上别人的商标，这叫OEM。有观点认为，收购现有品牌、以特许经营方式获取品牌也可算为OBM的一环。

❹ 王菁菁：《设计・责任——从莫里斯、格罗皮乌斯谈起》，载于《包豪斯与东方——中国制造与创新设计国际学术会议论文集》，杭州：中国美术学院出版社，2011年10月第1版，第38页。

们更好地生活，为了提升大众的生活品质。但现实的情况并非如此，许多人学习或者从事设计有着诸多名和利等层面的考虑。有的设计师迫于经济压力，不得不对委托方言听计从，结果绝大多数的产品设计成为涂脂抹粉的外观“创新”；有的设计师获奖无数，但那些获奖的作品又有几件是真实而有质量的作品，能在现实生活中看到用到的呢？自娱自乐、孤芳自赏的设计作品，或是自以为是的“高端设计”与大众的生活实在相距甚远，离开了关乎多数人的日常生活，又怎么可能产生真正优秀的设计？这样的名和利如同无根的浮萍，既经不起时间的考验，也经不起社会实践的检验。方晓风先生曾在《民生设计刍议》一文中尖锐地指出，“尽管四大发明值得骄傲，但如果扫视当下周遭的日常生活环境，我们能看到几样出于中国设计师的创新设计？就连拖地的墩布都是模仿国外设计的……除了继承和模仿，当代的中国设计在这个层面似乎一片空白。”他还指出，“一国之计最根本的还是民生问题，但总体上越是在民生层面的设计，我们越是落后。”[1]后面这一句几乎可以成为评价我国城市公共设施设计水准的注脚。

在商业社会环境中，一切向经济看齐，城市公共设施也不例外，商品经济以令人惊惧的蛮力影响着城市公共设施的发展方向。据媒体报道，单单武汉一座城市在基础设施上的支出就与英国全国更新和改善基础结构的支出相同。在过去的几年中，中国每隔5天建成一座新的摩天大楼，修建了30多个机场，25个城市的地铁，3座世界上最长的桥梁，超过9656千米的高速铁路线，41843千米高速公路，私人住宅的开发达到了一个令人难以置信的规模。可是，在事物发展的另一面，我们会发现：大量的新建居民楼无人居住，甚至整个新城里的灯都从未亮起（图3-5）；有的高速公路形象光鲜，却几乎看不到车辆；当雨季来临时，有那么多的南方城市可以让居民“看海”，大雨中的道路窨井则演变为吞噬生命的黑洞；大中城市上班族们每天花在路上的时间变得越来越长，为了按时上班，你必须起得越来越早……

面对如此境遇，以及其中夹杂着的复杂的政治、经济因素，设计在

[1] 方晓风：《民生设计刍议》，载于《装饰》，2008年186期，第12页。

图3-5　内蒙古鄂尔多斯康巴什新城楼盘(《中国鬼城盘点 无人空城共计12座》，来源于新浪网，2013年12月5日，网址：http://house.hexun.com/2013-12-05/160308481.html）

此时显得尤为虚弱。基本上，设计处于一种整体性被动的状态，有着极为有限的主动性和微弱的设计张力，但这并不意味着设计将无所作为。

（三）设计价值观的反思

价值是主体与客体之间在相互联系、相互适应、相互依存、相互作用、相互影响的互动关系中所产生的效应。[1]价值可以理解为是社会性的主观愿望、需求和意识的产物，价值在很多领域有特定的形态，如社会价值、个人价值、经济价值、法律价值以及设计价值等，它是人在不同领域发展中范畴性、规律性的本质存在。价值是一个具有中立属性的概念，且包容量极大；人类社会都是在一定的价值体系中开展其生活、思维、行为及创造等活动的，当然也包括设计活动。显然，设计的价值观涉及所有人生活、工作等方方面面的内容，它可以成为具有良好沟通性的桥梁。

设计价值观的实质就是以价值标准为导向，对客观世界中的各种现象进行基于价值的判断，进而对设计目标和行动方案进行评价和把握的一种设计观念。在设计中引入价值观概念，并非是在设计理论研究中的一时兴起、独辟蹊径，而是面向社会生活、项目实践、设计教育的一种学术研究自觉。[2]我们提出设计价值观的基本出发点，在于更好地帮助

[1] 巨乃岐、王建军：《究竟什么是价值——价值概念的广义解读》，载于《天中学刊》，第24卷第1期，2009年2月，第45页。

[2] 王昀：《以设计价值观为导向的研究生教学实践思考》，载于《道生悟成——第二届国际艺术设计研究生教学研讨会论文集》，杭州：中国美术学院出版社，2012年11月第1版，第181页。

项目委托者、设计者与用户共同理解、把握一个设计的过程与结果；并且，鉴于价值概念的包容性，可把诸如功能性、形式美感、创新性、人性化、可持续性、可行性、制造成本等都纳入一个设计价值观的体系中，尝试通过定性与定量评价结合的方式，以更全面的视野应对当下的设计境遇。

当以设计价值观看待一个产品设计时，一方面，我们需要从设计概念方案、市场定位、消费定位、功能使用、打样制造、工艺技术、生产成本、产品营销、售后服务等产业链价值的视角考量一个设计；另一方面，需要考虑在上述产业链上各环节代表的所思所想，例如站在项目决策者、设计师、市场人、消费用户、使用代表、生产企业家、工程师、经济师、商业营销人、服务保障人等的角度，对设计的价值进行评价和把握。对于设计师而言，首先应当学会如何与大众相处，设计需要回归占人口总数90%以上的普通人群；其次，应该学习不再从自己的角度去做设计，打破自我设定的专业界线的樊篱，促使设计能够达成广泛的共识。

仍以城市公共设施为例。伴随着当下中国城市化的发展，一方面，城市公共设施被城市管理系统行政化肢解，同时，在政府努力追逐GDP的表象下，设计实用主义几乎主宰了城市公共设施建设发展的主流，这使得公共设施建设的主体用户——政府各部门，在设计方案的选择上，往往习惯性地沿用传统的设计价值标准，对其工作范畴内的诸如座椅、垃圾桶、候车站、路灯等，进行功能、造型、材料、色彩、造价等单体产品设计要求，造成一种政府部门实用设计主义。同时，也对设计价值评价形成一种诸如功能优先或是形式为上的简单化设计认识，直接影响一批设计师的城市公共设施设计工作表层化，剩下的就是设计是否好看或好用的问题，这进一步曲解、弱化了公共设施对城市应有的价值贡献，甚至忘却了其真正用户及需求是来自城市中生活着的人们。另一方面，在城市发展日益大型化、智慧化、系统化的今天，城市街道空间有限，城市生活需求无限，城市尤其需要公共设施发挥其可能的多重社会价值和应用价值，帮助解决城市化进程中不断出现的各种新问题、新现象、新需求，更好地营建一个理想的美好城市。

显然，我们不能再限于通常“实用、美观、经济”标准论的规范，必须根据现实情况和时代变化恰当地调整、增删、活化、提升设计价值标准。[1]上述两方面关于城市实用主义和城市新需求的现象，表明了城市公共设施应扮演好集被动服务与主动导引于一体的社会性城市服务使者的角色。在达成了公共设施单体的基础设计价值后，重新审视其设计角度与设计价值，更多站在城市的全局性角度，考虑其对于城市人群的各种生活方式，比如公共出行方式、公共管理方式等的价值。在设计实践中，因为设计价值观思考角度的转变、设计价值的标准不同，设计的结果也必将有很大的不同。

## 四、城市公共设施设计基本原则

如果说通过城市公共设施与一般产品关于“人、事、场、物”的设计比较，告诉我们公共设施应该是一种为大众的设计，而关于设计价值观的探讨则明确了这一类为民生的设计的重要性，那么，在此基础上我们进一步凝练公共设施设计基本原则，既利于公共设施设计实践的展开，也为公共设施系统设计体系的建构做好铺垫。

在上文城市公共设施与一般产品的设计比较中，已经初步形成了对公共设施的一些设计共识，比如关于“人”，是指向“众人”，无论是其所有者还是使用者；关于“事”，是指向一种公共服务，且具有非排他性、竞争性乃至公益性，同时强调合理性而非单纯追求利润最大化；关于“场”，是指向清晰的地域文化属性，同时必须注重城市发展的可持续要求；关于“物”，是指向成组成套的系统整体。由此，本书提出城市公共设施设计基本原则应包含以下几个方面，如表3-3所述。

[1] 李立新：《价值论:设计研究的新视角》，载于《南京艺术学院学报（美术与设计版）》，2011年02期，第1页。

城市公共设施设计基本原则　　表3-3

| 类型 | 城市公共设施 | 设计基本原则 |
| --- | --- | --- |
| 人 | 众人（共有共用） | 以“众人”为本 |
| 事 | 公共服务（非排他性、非竞争性乃至公益性） | 以公共服务为道 |
| | 合理性 | 以合理性为基础 |
| 场 | 地域文化 | 以地域文化为要 |
| | 城市发展 | 以可持续性为旨 |
| 物 | 成组成套 | 以系统整体为纲 |

（一）以“众人”为本

对于城市公共设施设计而言，设计的物化对象是产品，而产品的服务对象是人，人既是城市物质环境的创造者，同时又是最终的使用者。这与以包豪斯为代表的现代设计所倡导的“以人为本”设计理念相一致，公共设施设计首先应该考虑人的要求，以人的行为和活动为中心，把人的因素放在第一位，其基本任务不是凸显自我的形象和特色，乃至过分夸张、喧宾夺主，而是应该融入城市环境的氛围，为众多的使用者营造一种舒适、和谐的使用环境。

同时，由于城市公共设施属于城市人们共同拥有、共同使用，这与某个人单独拥有一件智能手机产品的情况存在很大区别。换句话说，设计的对象不是某一个人，也不是诸如青年男子、白领丽人、学生一族等某一类型群体，而是包括男、女、老、少在内的大多数人们，具有大范围、群体性、“众人”的设计导向。比如，公共座椅的设计既应考虑胖瘦、轻重不同的人使用，还应兼顾人们从或慢走、或快跑等不同运动情况中转换到座椅上的动作状态，乃至由于不同文化层次、生活习惯等带来的使用要求，以及人流或快速通过以避免通行拥堵状况、或停留汇聚以营造社会交往活动氛围等整体布局要求（图3-6），此时，设计所谓的以人为本转向更为明确的以“众人”为本。

图3-6　城市人们户外活动与公共设施（转引自王昀，王菁菁：《城市环境设施设计》，上海：上海人民美术出版社，2014年4月第1版，第22页。）

（二）以公共服务为道

城市公共设施作为一种公共产品，存在两种细分类型：一是诸如

图3-7　杭州西溪国家湿地公园静态警示牌设计

路灯、公共座椅等，不产生直接的消费行为；二是如出租汽车、公交汽车等，产生直接的消费行为，但两者都不以赢利为目的，具有一定的公益性特征，其设计的基本定位是一种非排他性的、非竞争性的、共享的公共服务。正如党秀云所言：公共服务是指由政府或公共组织或经过公共授权的组织提供的具有共同消费性质的公共物品和服务。[1]基于公共设施设计以“众人”为本的出发点，故在为城市人们户外生活需求提供公共服务时，需考虑城市中人群数量分布和流动的情况，即兼顾公共设施的供给与效率问题，在人流量相对较小的场所中，公共设施供给的数量和密度应相对较小，反之亦然，这便要求在整个城市的公共设施管理与布局设计中，应综合把握其供给投入与满足使用需求之间效率的相对平衡。

另外，鉴于公共设施的公共服务要求，意指城市人们包括老弱病残等都应该具有一种公平、分享城市建设发展成果的权利，即关于其设计的公平性诉求，无论是公交汽车还是人行道等设计，均需要考虑老弱病残人群的使用需求。同时，鉴于公共设施使用人群的随机性，户外活动类型的不确定性，因此还需充分考虑其安全性的设计要求和原则，比如选用牢固、耐用的支撑结构；与人的户外活动具有直接接触可能的部分，则考虑采用非尖锐形态的造型等；在某些存在一定危险性的位置，需专门设置提醒、警示等信息告示牌（图3-7）。上述从公共设施的非排他性与公益性、供给与效率、公平与安全等方面的设计认知，其设计应该强调一种以公共服务为道的基本原则。

（三）以合理性为基础

在上文以公共服务为道的设计讨论中，已经显现关于供给与效率相对平衡的要求，这意味着公共设施设计既不宜追求过于饱和的数量，一般也应避免由于追求过高品质而产生的过高成本。另一方面，城市公共设施是城市赖以生存和发展的物质基础。[2]大多数的城市公共设施在实物

[1] 党秀云主编：《民族地区公共服务体系创新研究》，北京：人民出版社，2009年5月，第1页。

[2] 陆雨：《城市公共基础设施与服务的市场化研究——以贵港市城市自来水为例》，载于《公共管理与社会发展——第2届全国MPA论坛论文集》，上海，第300页。

形态上具有固定性、永久性等特征，供城市人长期生活使用，一般不会经常更新，也不能随意拆除或废弃。由此，上述两个方面的情况，无论是公共设施的成本与效率的统合要求，还是其固定性、永久性的要求，均表明了面向城市日常户外生活的公共设施应以合理性为设计的基础要求。所谓合理，通常是指合乎道理或事理，对于城市公共设施而言，是指其个体与整体、公共设施与城市发展规律相合；换句话说，就是针对城市建设与经济发展的水平，公共设施应与之相适应，合理地控制其产品的数量、品质、生产与运营成本等，在注重产品有用性、适应性的基础上，通过产品的批量化、标准化等设计方式，使其品质、成本与城市发展相协调。

另外，在城市建设的持续发生、发展的长期过程中，在经济控制上具有成本沉淀、未来预见等要求，这与基于城市日常生活需求的合理性设计把握之间，存在着城市公共设施设计的经济平衡与综合评估，尤其是可能影响城市未来发展的偏向基础性建设的公共设施设计。

（四）以地域文化为要

通常，我们说城市是建造，而产品则是制造；建造是有根的，这种根性是比较直接而显形的；制造也是有根的，但相对隐形化。两者既矛盾又统一，表明城市公共设施是站在建造之上的制造，就像我们说房子其实是种在大地上的，而诸如候车亭、路灯等公共设施也是种在城市的土地上。俗语说“种瓜得瓜，种豆得豆”，即事物之间存在相联的因果关系。事实上，城市公共设施属于城市的细节，每个城市的地域性从逻辑上决定了其公共设施应该是各具特色的，与城市文化和品质一脉相承。由此，在公共设施设计的开始，首先需要尊重我们脚下的这块城市土地，追溯在历史岁月演变过程中逐步形成城市的文脉和特色，以地域文化为要素展开公共设施设计。

上文从公共设施设计的非排他性与公益性、供给与效率、公平与安全到合理性等主要是偏向一种功能主义的设计要求，但是，如果当设计只剩下似乎是完美的功能主义时，造物的本意在无形之中被扭曲了。[1]

---

[1] 王昀：《寻找城市性格——杭州城市家具系统化设计》，载于《美美与共——杭州美丽城市与中国美术学院共建成果集》，杭州：中国美术学院出版社，2011年4月第1版，第157页。

每一个城市都有其独特的历史形象、建筑风貌的印记，记载着人们传统生活、风俗习惯的痕迹，公共设施设计应该充分尊重城市场所的内在精神，挖掘地域文化的生活素材。我们的设计一方面应为人们创造一种理想的户外生活，另一方面则应体现出整个城市的风格特色，向使用者有效地传递城市文化信息。因此，公共设施设计必须尊重地域文化特点，将城市环境中的山水湖泊、建筑形式、色彩、空间尺度与人们的生活方式产生共鸣，将城市文化系统巧妙地渗透到城市公共设施之中，延伸地域文脉传承，提升城市公共空间品质与内涵，进而实现城市生活新的设计。

（五）以可持续性为旨

存在于城市环境中的公共设施，从“众人”的生活需求、公共服务的供给与效率、合理性的品质与成本，以及地域文化的城市特色等，均折射出城市发展对公共设施的影响力，我们可以说城市发展的总体要求即意味着公共设施的设计导向乃至设计宗旨。“十八大”明确提出要建设“美丽城市”的要求，正如宋建明教授所言，这是城市建设从美化到美丽的一个发展过程，美化往往是基于事物表面的美而化之，而美丽则是基于事物内在的质的改变。从根本上说，美丽城市的核心是可持续发展，可持续的概念不仅包括环境与资源的可持续，也包括社会、文化的可持续。可持续发展是城市增长的目标与方向，它被定义为既满足现代人需要又不损害子孙后代并满足他们的需要的发展方式。[1] 可持续设计是一种构建及开发可持续解决方案的策略设计活动，均衡考虑经济、环境、道德和社会问题，设计既能满足当下需要又兼顾未来永续发展需要的产品、服务和系统。

关于公共设施的可持续设计包含着多方面的内容，如发展的质量而非仅是数量的变化、保护非再生资源以及将非再生资源的消耗减少到最低点、将经济因素与环境因素结合起来考虑等。以城市垃圾回收与处理为例，这不仅是一个多设立几个分类垃圾桶的问题，而是要求管理者和设计师从能源的利用、材料的选择、设施的结构与生产工艺、设施的使

---

[1] 世界环境与发展委员会编：《我们共同的未来》，王之佳、柯金良译，长春：吉林人民出版社，1997年1月1日，第10页。

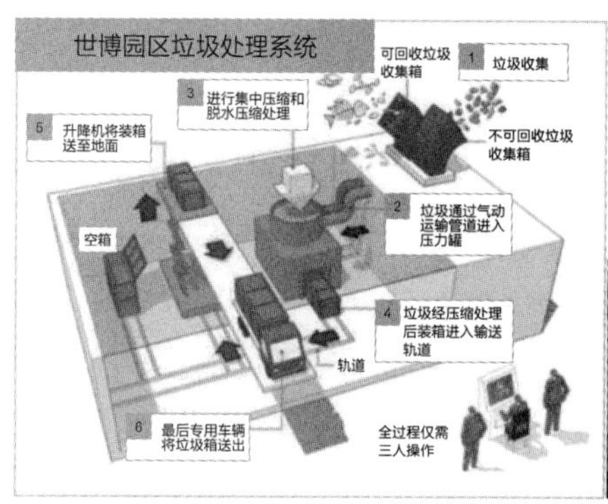

图3-8 世博园区垃圾处理系统示意图、世博园区垃圾箱外观照片(转引自《国内最大垃圾气力输送系统竣工进入调试》，绿色能源咨询网，2009年11月12日，网址：http://www.ge366.com/A.asp?articleid=2184)

用乃至废弃后的处理等全过程中，都必须将节约自然资源和保护生态环境，降低成本并突出整体环境利益都考虑进去，并使功能结构与环境需求之间得到平衡。比如，上海世界博览会园区的垃圾处理系统设计实践（图3-8）。再如，路灯设计，应多采用小污染、无污染、高效能、“干净”能源的太阳能路灯。此外，还应依据有关环境法规的标准，关注如何把令人不悦的因素（如噪声）降至最低程度等设计。

（六）以系统整体为纲

上述关于城市公共设施设计的五个基本原则探讨，都明确指向一个共性的要求，即系统性设计要求，对城市来说，系统性是城市最基本的特征之一。关于城市定义及其系统的描述也是各种各样，难以一言概之。比如，从经济学角度，英国的K. J.巴顿（K. J. Button）认为：城市是各种经济市场，住房、劳动力、土地、运输等，相互交织在一起的网状系统。[1]从社会学角度，美国的约翰·W.巴杜（John W. Bardo）和约翰·J.哈特曼（John J. Hartman）认为：城市是具有某些特征的、在地理上有界的社会组织形式。从地理学的角度，德国的F.拉采尔（F. Ratzel）认为：城市是指地处交通方便环境的、覆盖有一定面积的人群和房屋的密集结合体。[2]上述关于城市及其系统的概念较为宏观，从经济学、社会学、地理学等不同角度揭示了城市的系统性。

---

[1]（美）巴杜（John.W.Bardo）、哈特曼（John.J.Hartman）:《城市社会学》，美国威奇塔大学，1982年版。

[2] 转引自于洪俊、宁越敏:《城市地理概论》，合肥：安徽科学技术出版社，1983年版，第292页。

图3-9　巴西库里提巴市城市捷运系统BRT公交车站（转引自《各国有趣的公交车站》，新浪网，2009年6月11日，网址：http://travel.sina.com.cn/world/2009-06-11/110389259.shtml）

对城市中的公共设施来说，其基本定位是城市系统内的基础性建设配套，是为城市人生活提供基本条件的公共设施。所以，一方面，应从城市建设的基础功能系统，如能源供应系统、给水排水系统、交通运输系统、邮电通信系统、环保环卫系统、防卫防灾安全系统等出发，考虑公共设施与之的系统对接；另一方面，应从城市管理系统出发，比如城市的规划、建设与运行管理等，考虑与公共设施之间系统关系。

城市公共设施必须以系统设计的方式回应来自于城市的系统化要求，就公共设施的产品而言，需要从单体产品、系列产品以及整体系统产品等方面考虑：对于单体产品，主要是解决功能、形式、结构、材料、工艺、色彩等设计问题；对于系列产品，主要是关注路灯、座椅、垃圾桶、候车亭等设计的组合性、统一性与协调性；对于整体系统产品，主要是指在城市功能大系统指引下的公共设施子系统功能诉求与设计应答，例如打造一条高质量的、高效率的城市快速公交线，包含城市快速公交专用道路、快速公交巴士、公交巴士站（图3-9）及其站点设置布局等系统性设计。公共设施归根到底是为最广泛的普罗大众所使用的，我们从单体产品、系列产品以及整体系统产品的全方位式设计进行考虑，这既是其设计的基本工作内容，也是指向更好地为人、为城市提供产品与服务的城市公共设施的系统整体设计原则所在。

## 第二节　从设计边界到广义的系统设计观

### 一、设计边界与设计价值链

在第二章中关于城市基础设施、城市家具、城市公共装备的分类比较，显示了一种从不同行业背景、专业视角出发的范畴与内容划分情况，这种划分容易形成一种人为的设计边界，以及由设计边界划分导致的设计狭隘化。

边界的概念源自地理学。边界亦称疆界，指划分不同政权管制的区域、领地等范围的地理分界线，进而可标示该区域的范围。[1]传统的设计边界概念，主要存在以下三个方面的情况。

（1）基于传统行业分类下的设计边界。通常，设计工作的开展方式主要来自“事”，即各种项目的委托，项目类型所附带的行业属性、行业领域及其边界，自然便成为设计的边界，比如，我们认为做建筑项目类型的是建筑设计、做汽车项目类型的是汽车设计、做家具项目类型的是家具设计、做服装项目类型的是服装设计、做产品制造类型的是工业设计等。

（2）基于设计学科自身分类细化的设计边界。比如，传统手工艺设计下又分为陶瓷艺术与设计、玻璃艺术与设计、首饰艺术与设计等，其实这一类设计也可以视为是基于大行业分类下的小行业分类导致的结果。

（3）传统设计与非设计专业之间的设计边界。比如，做制造、材料、计算机、商业、工程、心理学等非设计领域与传统设计之间的边界，属于设计学科的外部边界。

行业、学科或者专业形成的边界，在本质上都是一种以区别为导向的设计分类法，从积极意义上讲，称为“各行其道、各司其职”；从社会分工上讲，这是社会发展分工越来越细化的证明。

但是，当设计回归生活的本源，一方面，生活本身是一个难以被完全分割的系统，传统的分类方式在无形之中失去了很多边界与边界之间的价值机会；另一方面，设计的价值若要实现，必须要利用制造、材料、结构、工艺、计算机等技术手段，通过企业生产、市场营销的方式加以转化、实现设计的价值。

---

[1] 艺术与建筑索引典，界限。艺术与建筑索引典（Art & Architecture Thesaurus）中文版是一部台湾引进的美国盖提研究中心研发出的多语索引典，涵盖艺术、建筑、装置艺术、物质文化和素材等专业词条，在全球的线上搜索可达到每月180，000次的搜索次数，主要被用作为博物馆编目和文献工作的依据。

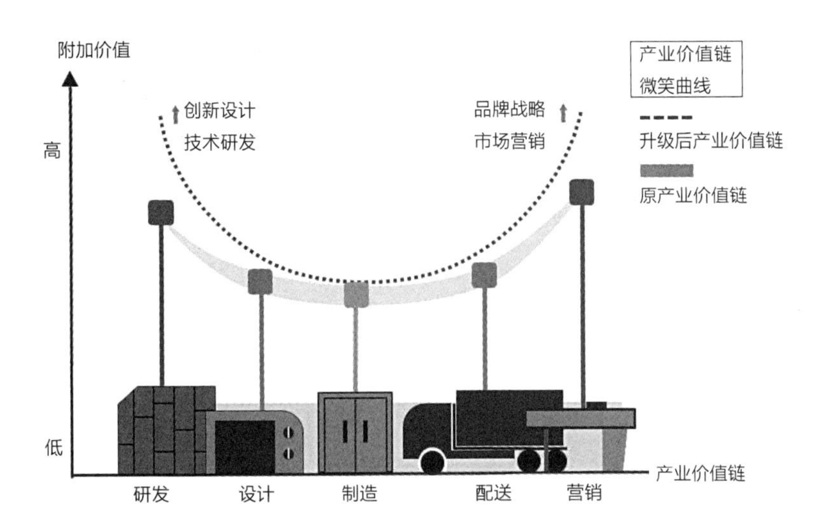


图3-10 产业价值链微笑曲线

在经济社会体系下，设计价值几乎绝大多数都是通过其商业价值实现的，价值链已经成为衡量设计价值的一个重要参数。哈佛大学迈克尔·波特 1985年在其《竞争优势》(Competitive Advantage) 一书中提出价值链的概念："每一个企业都是在设计、生产、销售、发送和辅助其产品的过程中进行种种活动的集合体。所有这些活动可以用一个价值链来表明。"[1]1992年，台湾宏碁集团施振荣先生提出了著名的产业价值链"微笑曲线"(Smiling Curve) 理论，该理论认为：在整个产业价值链中，尤其当产业成熟化、技术稳定化、市场饱和化的情况下，对于企业的研发、制造、营销三大主要环节而言，企业竞争的附加值更多体现在两端：研发和营销，中间的制造环节处于低附加值的状态，如图3-10所示。

今天的设计也正面临着价值实现的严峻挑战，现代设计经过百年来的发展，其学科体系、设计方法、技术手段在发展中不断成熟，趋于一种动态的稳定。传统的设计链包含调研分析、概念设计、模型制作等环节，以产品作为最重要的价值输出。但是，伴随着社会发展与科技进步，设计在产业链中的定位正在发生转变，设计开始趋向一种综合化解

[1] (美) 迈克尔·波特 (Michael E.Porter):《竞争优势》，陈小悦译，北京：华夏出版社，2003年01月，第22页。

决问题的方式。设计不仅是设计本身，设计更是一种为生活主动服务的方式，还是一种以设计与服务为核心驱动力的产业类型。

服务一般属于经济学领域的概念，从字义上来说是指承担某一项任务或接受一种业务。1940年，英国经济学家科林·格兰特·克拉克（Colin Grant Clark，1905～1989年）在《经济发展条件》一书中提出：劳动人口从农业向制造业、进而从制造业向商业及服务业的移动。这就是所谓的克拉克法则，其指向的是从第一产业、第二产业到第三产业，即服务产业。[1]我国在2007年国务院《关于加快发展服务业的若干意见》中明确提出：到2020年，基本实现经济结构向以服务经济为主的转变，服务业增加值占国内生产总值的比重超过50%。[2]

在中国的传统文化语境中，服务的意思主要是指为别人做事、满足别人需要。比如，孙中山在《民权主义》第三讲中说："人人应该以服务为目的，不当以夺取为目的。"再如，《论语》在为政篇中说："有事，弟子服其劳，有酒食，先生馔。"[3]今天，关于服务的概念和范畴越来越广，比如，一组有形的座椅产品为人提供可坐的服务，而座椅周边环境中无形的氛围则提供可能令人愉悦的体验服务。马克思在《资本论》中认为，服务是使物品的使用价值得到发挥。显然，服务具有无形性特征，同时，在体验经济时代，产品与服务往往是在同一个过程中共同对顾客作用，并共同出售。

这也意味着设计、服务、产业等之间必然发生更多相互影响、相互嵌入的系统耦合情况，这种新的系统耦合使得传统意义上形成的设计边界在无形之中被打破了。正是在这样的视角下，设计的价值不再只是囿于设计本身的范畴，诸如美学、风格、肌理、图案、色彩等，而是与生产、制造、品质、服务、产业等相互渗入，我们应该在更大的社会经济系统中重新看待设计，以及观察新的设计价值链关系。

以城市公共设施设计为例，一方面，随着科学技术的不断发展，各

---

❶ Clark C，*The Conditions of Economic Progress*，Macmillan，3rd edition，1957.

❷ 金天泽、郑磊琦：《教育技术——教育中的现代服务业》，载于《价值工程》，2011年7月，第179页。

❸ 见孔子弟子及其再传弟子编：《论语·为政第二》，云南出版社。

城市公共设施
设计价值链
微笑曲线

伴随着城市装备化的进程，面向功能和形式的基本设计在整体设计价值链中处于一种类似产业价值链的制造地位，作为城市公共产品的设计从基本设计向生产链、市场链延伸，这是设计转型发展的必然。

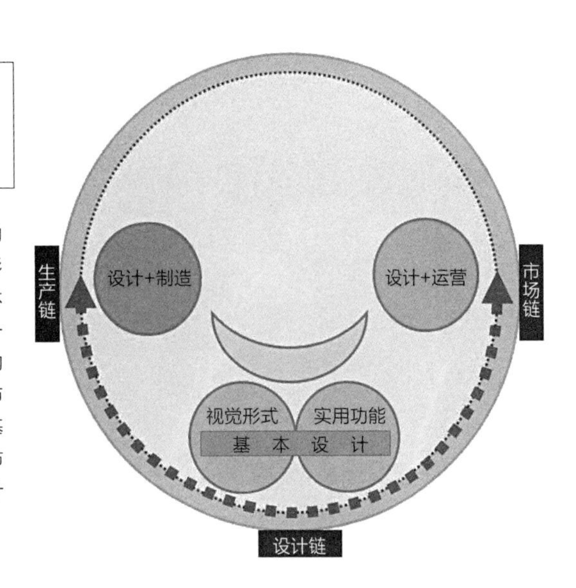


图3-11 城市公共设施设计价值链微笑曲线

种新技术使得公共设施越来越趋向装备化、智能化方向，另一方面，城市公共服务的管理、运行的成效，对城市人们家园感、满意度的形成，发挥着越来越大的作用。实际上，城市公共设施设计价值链，存在着与产业价值链相类似关系的情况。拘泥于传统设计学科边界内诸如产品功能与形式的设计，在设计价值链中的重要性正在下移，更大的设计价值开始往生产端和市场端双向延伸，其中，公共设施设计所指市场端的主要内容包含管理、运行、经管等，由此，形成一种新的城市公共设施设计价值链的微笑曲线，如图3-11所示。

新的城市公共设施设计价值链“微笑曲线”表明了设计正在走出传统赋予设计或者说设计专业、设计学科的边界，力图以更大的系统设计视野看待设计，进而实现设计价值提升，这需要我们以更为科学、理性的方式重新审视设计，梳理其系统设计的相关内容。

## 二、系统设计思维与广义的系统设计观

### （一）从系统科学到系统设计思维

所谓系统，根据《中华大词典》的释义：①同类事物按一定的关系组成的整体，如组织系统、灌溉系统等；②有条有理的，如系统学习、

系统研究等。[1]第二章第三节讨论的城市公共设施分类重构属于前者的范畴，而本章进行的城市公共设施系统设计则属于后者的领域。

从贝朗塔菲的一般系统论开始，在系统思想的基础上，经过科技革命与马克思辩证哲学思想的融合逐渐形成现代的系统论思想，进而构成一种具有横断学科属性的系统科学。系统科学是以系统为研究对象，从系统结构和功能、系统的演化来研究的学科。系统科学是20世纪中叶以来发展最快的一门综合性科学，可以分为狭义系统科学和广义系统科学。狭义系统科学主要包括三个方面的内容，即控制论、信息论、运筹学，而广义系统科学内容广泛，可以包括信息论、控制论、系统论、泛系方法论、突变论、运筹学、模糊数学、计算机科学、系统工程学、人工智能学、知识工程学、传播学以及设计学等相关领域，[2]本书所述相关产品系统设计的内容属于广义系统科学范畴。

在现代信息社会中，人们往往所需面对的系统问题的复杂程度超过了大脑直接进行信息处理的能力，此时，系统科学的发展为现代社会、经济、科学、文化等各领域中的复杂系统问题提供了思路和帮助。系统科学不只是研究如何建设、管理和控制复杂系统，也将系统分析与科学、技术、文化等结合起来，以帮助解决各种项目中的规划、设计、制造、运营、试验等问题。在进行实际的设计研究工作时，系统科学更多的是作为一种科学理论和方法的指导而存在，为人们处理复杂系统问题提供导向和参考。

我们回到系统的定义方式看，本书所述的系统既不是旨在反映系统内部因素数量关系的数学公式、逻辑准则和具体算法的数学模型，也不是基于信息加工、管理、输入、输出等概念通过黑箱来定义的系统，而是正如朴昌根先生在《系统学基础》一书中所说的通过元素、关系、联系、整体、整体性等概念给出的系统定义：系统是由两个以上可以相互区别的要素构成的集合体；各要素之间存在着一定的联系和相互作用，

---

[1] 中华书局编辑部：《中华大词典》，北京：中华书局，1980年10月。

[2] 颜泽贤、范冬萍、张华夏：《系统科学导论：复杂性探索》，北京：人民出版社，2006年9月，第445页。

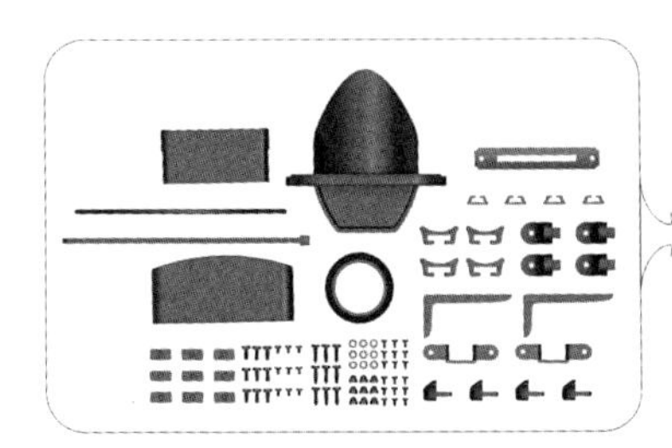
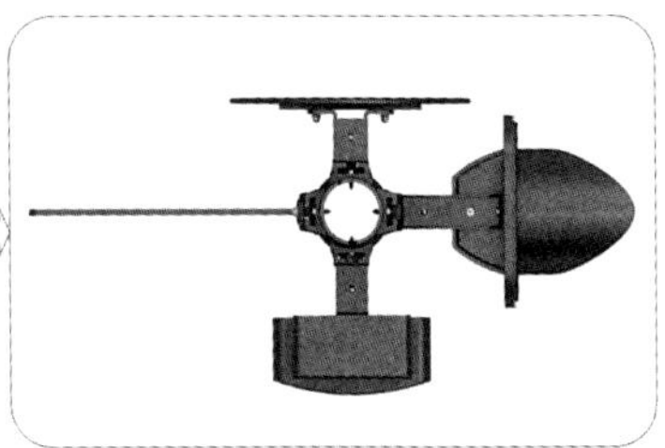

图3-12 四向滑槽结构路灯杆合杆系统

形成特定的整体结构和适应环境的特定功能；它从属于更大的系统。[1]

事实上，没有绝对的系统与非系统，两者是相对于不同参照系而存在的。比如说，一堆零件在普通人看来不是系统，只是一些零散的元素，因为毫无内在联系。但是这堆零件在研究机械的人看来却是一个系统，因为这些零件可以相互组装形成一个全新的产品。[2]如图3-12所示，左图一堆零件看上去是各自独立的元素，是非系统；但事实上它们可以组成一个四向滑槽结构路灯杆合杆系统；两者的区别在于是否将这些元素以产品为参照系。一个参照系中，如果一个或一类研究对象被看作系统，那么其要素和环境就可被看作非系统；同一个研究对象在不同参照系中可能被当作系统、要素或环境。如一个人，在生物学上是一个系统，在社会学上是家庭要素，对于其他人而言却属于环境。在这里，一个人是研究对象，生物学、社会学和其他人就是参照系。

总而言之，系统无处不在。系统概念可以适用于一切研究对象，即从整体、要素、关系全面分析事物。系统和非系统是相对的，在不同参照系下，系统呈现不同的意义，系统本身也是相对的。而系统设计是指建立在系统科学基础上的系统分析的方法。[3]中国大百科全书对系统设计的定义为在系统分析的基础上，设计出能满足预定目标的系统的过程。[4]在一般的系统设计工作中，总是伴随着工作量极大而又相对乏味的基础性工作，但这并不意味着设计创新性的降低。

❶ 朴昌根：《系统学基础》，上海：上海辞书出版社，2005年12月第1版，第100页。
❷ 杨春时、邵光远、刘伟民、张继川编著：《系统论信息论控制论浅说》，北京：中国广播电视出版社出版，1987年2月第1版，第233页。
❸ 陈雨：《乌尔姆设计学院的历史价值研究》，江南大学，博士学位论文，2013年，第13页。
❹《中国大百科全书（74卷）》，北京：中国大百科全书出版社，2000年版。

首先，我们可以回到创新活动发生的类型来看。创新活动大致可以分为偶发性和系统性两种类型。偶发性创新数量多、成本低，最大的问题是难以持续，比如中国美术学院工业设计专业的学生在参加红点、IF等各类大赛时，往往更多依靠的是一种灵光一闪、拍脑袋式的创意方式，提出其创新设计方案，诸如《Smart paper tape》(图3-13)等。而系统性创新则可以推动创造性思维的持续进行和拓展，促进对于问题的全局认识，有利于不断产生系列化的创新，提升系统设计的工作效率。实质上，系统性创新具有一种创新的内在系统驱动力，以及更广的设计视野和更多的设计机会。

由此，结合上文所述系统的定义方式，我们认为系统设计思维就是把认识对象视为系统，从系统和要素、要素和要素、系统和环境的相互联系、相互作用中综合地考察认识对象的一种具有系统性、创新性的设计思维。一般，在产品系统设计过程中，经过前期的大量调查与分析工作，主要从整体性、层次性、结构性、动态性、综合性等方面进行系统设计思考，寻找创新设计的突破口，进而提出解决问题的创新设计方案。

通常，由于目标对象和环境境况的不同，采用的技术和手段不同，存在着各种不同的解决问题的方法。所谓方法，其内涵较为广泛，方法在哲学、科学及生活中均有着不同的解释，一般可以理解为为达到某种目的或者为获得某种东西而采取的手段与行为方式等。[1]随着当代科学技术的飞速发展和计算机技术的广泛应用，以开发产品为目标逐步发展出多种现代设计方法，如计算机辅助设计、虚拟设计、疲劳设计、相似性设计、逆向工程设计、可靠性设计、优化设计乃至人工神经元计算方法等。显然，这里所说的现代设计方法更接近科学、工程领域的概念，与在艺术与设计领域下工业设计方法、产品设计方法有着显而易见的不同。

借用老子的话语："授人以鱼，不如授人以渔。"事实上，我们常说的产品设计方法，主要是指在艺术与设计领域下基于系统设计思维的

图3-13 《Smart paper tape》设计（作者为中国美术学院章俊杰、董霙、张道炜、宓昱婷等）

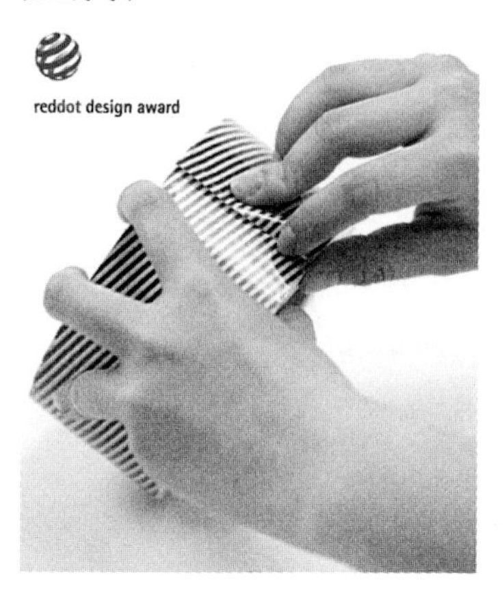


❶（德）阿·迈纳:《方法论引论》，生活·读书·新知三联书店，1991年，第6页。

产品设计方法，比如头脑风暴法、思维导图法、举例法、设问法、比较法、组合法、借用专利法、还原创造法、价值机会法、逆向思维法、情景故事法、SET因素分析法、移向右上角分析法、按需设计法等；从系统方法论的角度，更接近一种软系统设计方法。

在设计解决问题的过程中，由于各种社会、文化等各种复杂因素的影响，以及人的直觉与判断等设计行为的发生，设计很难通过科学的、工程的数学模型来表示，往往只能用半定量、半定性的方法来描述、解决、处理问题。例如，英国的P.B.切克兰德（P. B. Checkland）教授提出了软系统工程方法，主要是通过对问题情境加以考察，以设计语言的形式加以表达，建立定义以及概念模型，进而提出改革方案，通过反复使用系统概念来反映和思考世界。[1]本书结合实际的设计实践经验，认为产品设计方法主要可以分为两种思维状态类型，即平台发散类和系统聚焦类。前者更像是一个开放的平台，设计师可以借助其进行设计的自由飞翔与创作，如头脑风暴法、思维导图法等；后者更接近一种系统聚焦，设计师可以在其导引下进行目标推演、问题聚焦等，如逆向思维法、情景故事法、SET因素分析法、移向右上角分析法、按需设计法以及其他产品系统设计方法等。同时，这种设计思维的发散或聚焦都不是孤立的、绝对的，两者之间存在相互支持、相互影响、相互交叉等情况，如图3-14所示。

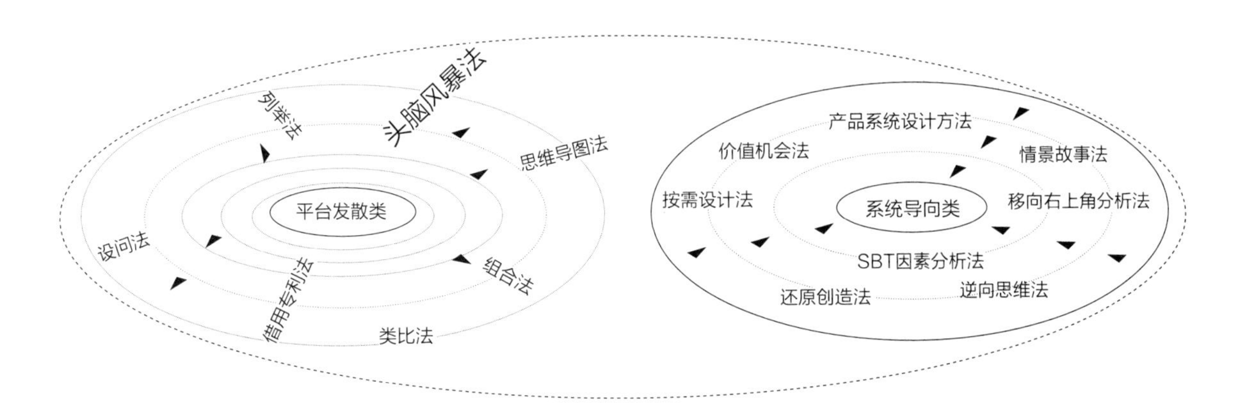


图3-14　系统设计思维类型示意图

[1] [英]彼得·切克兰德：《系统论的思想与实践》，左晓斯等译，北京，华夏出版社，1990年，第184页。

从根本上讲，设计是一项富于创新性和复杂性的综合性工作，设计方法是为了拓宽设计师思维的深度和广度，提高设计工作的系统缜密性和创新活跃度，帮助设计师在设计过程中更好地发现问题、分析问题、解决问题的手段，最终提高设计的成功率。

无论是科学与工程语境下的现代设计方法，还是设计学科领域下的产品设计方法，两者具有根源上的包容性、相通性等关系。事实上，产品设计方法在其发展演绎过程中，亦借鉴和引入了众多更具科学性的现代设计方法，反之亦然，两者之间呈现动态变化、交互影响的状态。如果，我们把方法看成是整个大脑，那么，现代设计方法是具有科学特性的、严密计算的左脑，产品设计方法是具有人文特性的、弹性有机的右脑；那么，我们不妨站在两者的交叉结合处，来重新审视产品设计方法，以期探求一种既有科学特性又有人文特性因素的产品系统设计方法。当然，由于具体的项目背景和研究领域的不同，在设计学科领域下，往往会形成以人文特性为主导、兼有科学特性的设计方法类型。回到设计作为一种创造性活动而言，我们需要自省的是：方法是死的，人是活的，项目也是不定而多变的，重要的不是方法本身，而是面对不同项目，在系统设计思维的导引下合理地、综合地运用各种方法，以取得产品创新设计的最终成功。

（二）从设计学科到广义的系统设计观

设计师们在当下的实际项目设计过程中，往往习惯性采用“我感觉”之类等词汇进行表述，这是一种更接近艺术家气质的自由表达方式，处于带有某种不确定性的游移状态。“我感觉……”表明了人们在从小积累的生活经验中知道某一件事情，经过选择性判断后得出某种观点，这属于一种潜移默化的道理；然而由于个体生活及成长环境的不同，其默认的道理便有着天然的差异，由此而生的“我感觉……”之类的答案便往往不一而足。[1]这是一个值得我们进行设计反思的现象。

事实上，在莫里斯的工艺美术运动之后诞生的现代设计，随着社会、经济、科学等不断发展，一方面，为设计提供从材料、工艺、结

❶ 王昀：《设计的道理——从2011届中国美术学院工业设计毕业创作谈起》，载于《装饰》，2011年8月，第24-25页。

构、工具等新的可能，另一方面，现代各种科学理论影响了设计研究的综合与交叉发展，引起了设计思维的变革，设计正越来越趋向于一种不仅仅是艺术的设计或者说以艺术为主导的设计，而是一种跨越众多学科领域的横断学科。正如柳冠中在《事理学论纲》中说：设计与科学技术、艺术之间存在复杂而又微妙的联系：设计从科学那里汲取知识来探求人类合理的生活方式，设计则选择一定的技术手段来实现自身，设计从艺术那里获得美与价值、情感的表达[1]。现代设计自诞生之日起，便是在向“我感觉……”之类的艺术话语发起种种自我的解剖、挑战与更新，努力探求其背后的设计逻辑、事物规律、系统结构等道理，这也符合西蒙在1969年《有关人工的诸种科学》一书中提出“设计学科”的概念，反映了设计学科研究的基本运行方式的特点。[2]

如今，互联网技术、信息技术呈爆炸式快速发展，引起了设计方式、生产方式与商业模式划时代的变革，甚至出现了大量新的产品物种类型，企业家、设计者日益重视消费者的感受，而不仅是物质化产品的设计与制造；对于生活的设计观念从有形的物质领域，正在逐步扩展到无形的非物质领域，设计的最终指向是为人、为生活提供一种理想的设计服务，以及一种新生活体验的创造。

总体而言，今天设计学科的大趋势是以多元的、动态的、多种学科应用的系统化整合。在系统设计思维导引下的系统设计，不仅包含诸如形态、材质、肌理、色彩等传统囿于单一学科知识领域的狭义的系统设计观，也包含与设计相关联的艺术学、社会学、城市学、经济学、管理学、信息论、系统工程学等诸学科跨界综合的广义的系统设计观。

在广义的系统设计观的视野下，根据其研究对象与设计侧重的不同，一般可以分为两个主要类型：一是面向产品的系统设计，更接近传统的产品开发概念，主要对产品自身的形、色、材、质等进行设计，也可称为传统的产品系统设计；二是面向服务的系统设计，正如浙江省毛光烈副省长在与中国美术学院许江院长的信函中所谈到的，工业设计

---

❶ 柳冠中：《事理学论纲》，湖南：中南大学出版社，2006年1月，第12页。
❷（美）赫伯特·西蒙：《人工科学》，武夷山译，北京：商务印书馆，1987年，第113-129页。

正在由传统主要关注产品本身，转向“产品+服务”的更全面、更系统化的现代工业设计，从这个意义上说，面向服务及其相关产业的产品系统设计，也可称为现代的产品系统设计。本书所提的城市公共设施作为一种公共产品，其设计既包含传统的产品系统设计，也包含现代的产品系统设计，同时，与一般产品设计相比还具有城市地域属性、公共产品属性等特殊性（详见第三章第一节的城市公共设施与一般产品的设计比较）。

对于设计尤其是工业设计而言，城市是一个极为特殊而又重要的领域，一方面，我们的日常生活、学习、工作几乎都在城市里发生；另一方面，关于城市问题，似乎习惯性地认为应该主要归属于如城市规划、城市设计、建筑设计等专业范畴。这里存在一个设计认知上的缺项，城市一样需要工业设计参与的城市家具、城市装备以及各种城市公共设施等设计，而当下智慧城市建设的发展进一步强化了这种设计需求。

回顾现代设计的历史，城市建设与工业设计的关系历来紧密，比如，建筑物建造技术的进步以及城市摩天大楼的出现，与西门子电梯的发明之间，存在着必然的因果关系；再如，城市规模扩张以及城郊规划布局的推进（图3-15），与交通工具产品如福特T型车（图3-16）等创新与推广之间，存在着显而易见的相互促进、相互影响的关系。

图3-15 霍华德的花园城市规划（(英)埃比尼泽·霍华德：《明日的田园城市》，金经元译，北京：商务印书馆，2000年，第14页）

图3-16 福特T型车及其生产线（周斌：《给世界装上车轮子：福特汽车帝国的光荣与梦想》，载于《国家人文历史》，2013年19期，第95页）

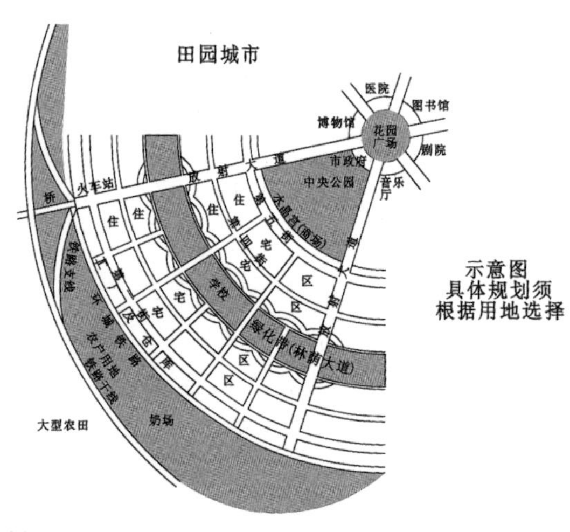


图3-15

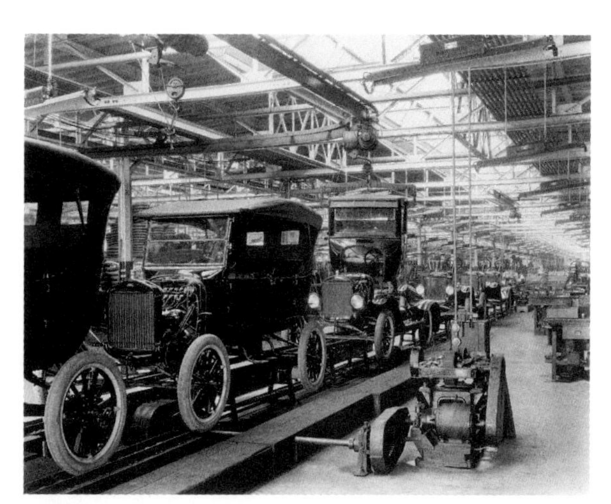

图3-16

1977年《马丘比丘宪章》[1]明确提出："不应当把城市当作一系列孤立的组成部分拼在一起，而必须努力去创造一个综合的、多功能的环境。"这清晰地表明了应该以整体系统设计观来思考城市及其相关的设计。

显然，城市公共设施也不例外，只是其兼具了城市建造和产品制造的双重复杂因子，由此，城市公共设施系统设计中的要素、关系、层次、结构乃至体系，与一般产品有所不同，既需要考虑其产品诸如功能、形式、材料、结构、工艺等要求，也需要考虑城市文化、地域特性乃至城市空间场所的诉求，同时还需要站在城市作为一个巨系统产品的角度，基于广义的系统设计观，思考从城市系统功能的内涵机制、城市人的生活态等出发的研究，诸如交通、照明、信息、卫生、绿化、休息、商业以及应急救援等城市生活系统的需求，进而形成一个区别于一般产品的城市公共设施系统。

## 第三节　城市公共设施系统设计的要素、层次与体系

### 一、城市公共设施系统设计要素分析

#### （一）"人、事、场、物"与一般产品系统设计要素的关联

从系统论方法出发，要素是构成系统的单元体，结构是若干要素相互联系、相互作用的方式和秩序，要素通过结构关联作用的目的就是系

[1] 马丘比丘宪章（Charter of Machupicchu），是指国际建筑协会于1977年底在智利首都利马会议期间发表的一份关于城市规划的纲领性文件。

统功能的输出。[1]通常在展开城市公共设施系统设计研究之前，需要厘清的是关于其系统设计的要素构成内容。纵观一般产品的系统设计要素的相关研究，我们可以发现它们基本上都回归到人为事物的“人、事、场、物”的基本要素框架，或者说可以从“人、事、场、物”出发对一般产品系统设计要素进行分析，以便于帮助城市公共设施系统设计要素内容的进一步明确。

比如，吴翔在《产品系统设计》一书中将产品系统设计要素分为功能要素、结构要素、人因要素、形态要素、色彩要素、环境要素六类。[2]其中，该书将产品系统设计的环境要素理解为产品与自然环境的关系，即绿色设计、可持续设计。通观全书内容，作者并没有专门强调产品与市场经营的关系，仅在对各要素进行详解时有所涉及。刘永翔在《产品设计》一书中谈到产品设计的要素有：人的要素、技术要素、市场环境要素、审美形态要素四大设计要素，[3]在这里，作者将经营销售等市场经济方面的因素与自然环境视作一个大环境来看待。李峰的《从构成走向产品设计》指出，产品形态设计要素主要有功能要素、材料要素、结构与机构要素。[4]左铁峰在他的《产品设计进阶》一书中提出产品设计因素可分为社会因素、人的因素、功能因素、形态因素、人机因素、人文因素。[5]

综合上述这些产品系统设计要素的内容构成，主要包含用户、产品设计、生产制造、市场环境、技术、其他等六个方面，值得注意的是关于设计与商业运营等内容较少提到，这也是在传统的工业设计视角下展开产品设计研究的一种常见现象。其中，关于“人”是指用户，可包括年龄、性别、消费理念、消费习惯、生活品位等；关于“事”是指产品设计和生产制造，产品设计可包括功能、结构、形态、色彩、材料等，生产制造可包括模数化、模块化、标准化等；关于“场”是指市场环境、技术以及其他，市场环境可包括使用环境、自然环境、销售环境、

---

❶ 何盛明、刘西乾、沈云主编：《财经大辞典—下卷》，北京：中国财政经济出版社，1990年1月。
❷ 吴翔：《产品系统设计》，北京：中国轻工业出版社，2000年版，第19-38页。
❸ 刘永翔：《产品设计》，北京：机械工业出版社，2008年3月1日，第31-34页。
❹ 李峰：《从构成走向产品设计》，北京：中国建筑出版社，2005年6月1日，第56-75页。
❺ 左铁峰：《产品设计进阶》，北京：海洋出版社，2008年4月1日，第8-15页。

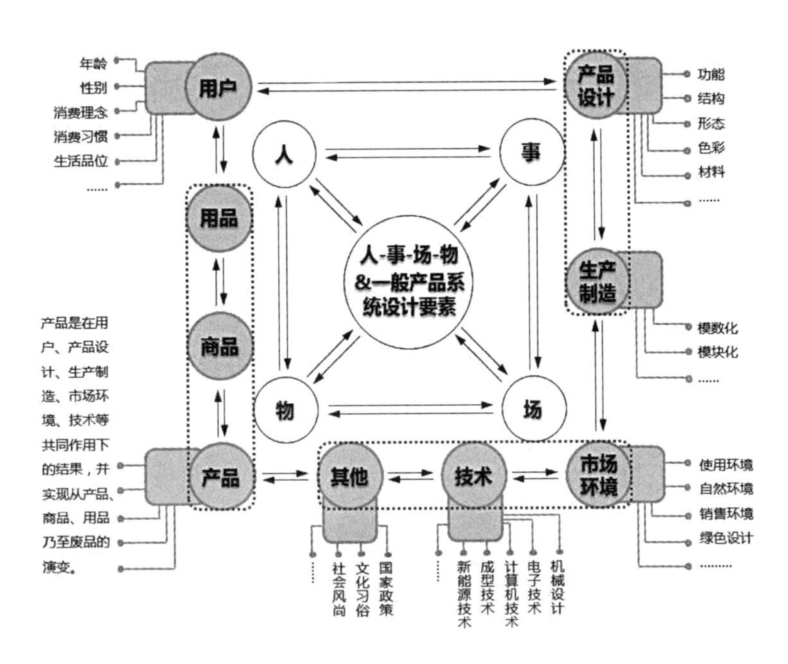


图3-17 “人、事、场、物”与一般产品系统设计要素的关联

绿色设计等，技术可包括机械设计、电子技术、计算机技术、成型技术、新能源技术等，其他可包括国家政策、文化习俗、社会风尚等；关于“物”是指在用户、产品设计、生产制造、市场环境、技术等共同作用下的结果，换个角度说，设计与制造的输出是为用户提供服务的产品，并通过市场环境实现从产品、商品、用品乃至废品的演变。此时，与人为事物的“人、事、场、物”相对定型化的基本要素框架的不同之处在于，设计扮演的是一个动态的、过程的角色，而非固化概念的“事”；或者说设计是一种活化的“事”，伴随着设计活动的展开，使得一般产品系统设计诸要素构成相互影响、相互关联的系统，如图3-17所示。

（二）城市公共设施系统设计要素内容

通过上文关于城市公共设施与一般产品的设计比较可知，二者的系统设计要素存在着差别，主要涉及两方面的内容。一是相同要素的不同内涵，比如，用户要素，公共设施系统设计的用户群体是在这个城市工作生活的所有人，包括城市常住人口、流动人群等，而一般产品系统设计则强调特定目标的用户人群。再如，市场环境要素，前者的主体是城市及其运营管理者而非单纯的企业等。二是因城市作用而新增的要素内容，比如，城市公共设施系统是以城市为前提的，因而城市文化要素在其系统设计要素中尤为凸显；再如，由于公共设施生长、运行于特定的城市地理空间中，故城市空间场所要素亦成为一个重要的系统设计要素。

由此，结合一般产品系统设计要素的情况，一方面调整、深化其设计内涵，另一方面须增加城市文化、空间场所的要素内容项，进而提出城市公共设施系统设计要素可分为城市文化要素、用户需求要素、产品设计要素、生产制造要素、空间场所要素、运营要素、技术要素及其他要素等八个内容，如图3-18所示。

其中，城市文化要素，是城市公共设施系统设计的背景因素，影响着公共设施产品的表现形式，主要包括地域文化、城市理念、城市品牌、城市形象与人文、历史、地理等相关内容。比如，在井冈山茅坪地区八角楼景观灯的设计中，遥想当年毛泽东所言“星星之火，可以燎原”的场景，强调其人文、历史与现场交织的一种“内藏与外放”的认知体验，以八角楼的形态语义为设计基础特征形成景观灯的设计方案

图3-18 城市公共设施系统设计要素内容图解

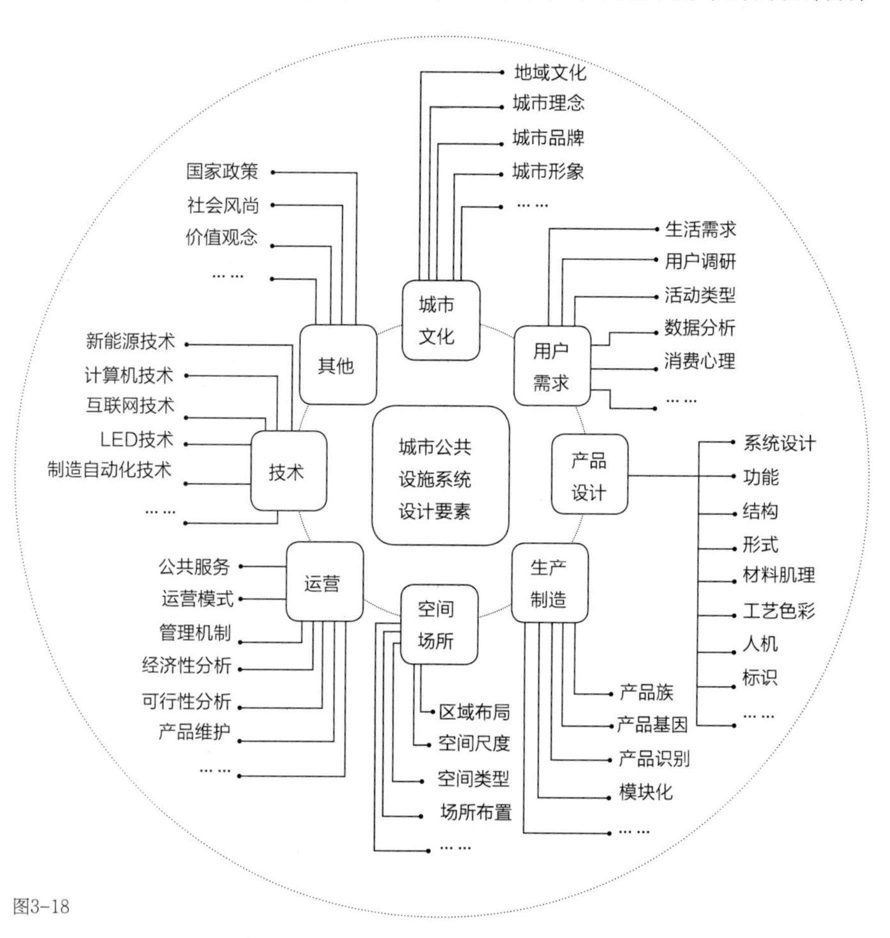

图3-18

图3-19　井冈山茅坪八角楼景观灯设计

（图3-19）。用户需求要素，包括生活需求、用户调研、活动类型、数据分析、消费心理等，是公共设施系统设计的基础因素，影响着其设计目标与价值导向。比如德国公共汽车设计，为方便城市人各群体对公共汽车的使用，特别在公共汽车上下客门处设计一块可折叠的踏板，当有坐轮椅的人、老人、推婴儿车的妇女上车时，司机会将公共汽车停在路边，放低右侧车身，同时打开踏板，方便乘客上车。产品设计要素，指的是在设计过程中对产品系统、功能、结构、形式、材料、肌理、工艺、色彩、人机、标识等具体化内容，在实质上与一般产品设计相类似。生产制造要素，由于要体现城市文化的个性特色，故其包含的产品在形态上应有一定相似性，在功能上又有一定的区别，是一种既强调大批量生产，又要求城市个性化定制的双重特征（可详见本书第四章第二节中的设计实践与研究案例）。空间场所要素，指公共设施的使用范围受空间场所的限制，例如杭州的公共交通自行车系统并不适合直接在青岛应用与推广，这是由于青岛城市地理空间形态属于多山地多陡坡的类型，若要在青岛采用该系统设计，则需要对公共自行车及其系统进行重新考虑、设计与评估。运营要素，指城市的公共服务、运营模式、管理机制、经济性分析、可行性分析、产品维护等内容。技术要素，在从建造到制造的过程中，公共设施系统设计的相关技术呈单一到多元的发展与变化，尤其在当下努力建设“美丽城市”的诉求下，越来越注重高效的、可持续的设计与技术要求，比如新能源技术（包括太阳能、核能、风能等）、计算机技术、互联网技术、LED技术、户外媒体互动技术等清洁能源技术的应用。其他要素，主要指国家政策、社会风尚、价值观念等内容。

在实际的设计实践中，由于城市建设的需求、设计项目的任务存在多种可能，通常很难也少有必要对所有的设计要素内容进行展开式研究，同时，每次项目的侧重点往往不尽相同，这意味着对于公共设施设计而言，应根据不同的项目情况，采用合适的方法与手段，结合相关的设计要素与内容，进行其系统设计研究。

## 二、城市公共设施系统设计层次解析

随着全球化的发展，市场形态的演化，无论是政府还是企业都只有通过系统化创新，才能灵活、快速、准确地应对市场变化、把握机会。城市公共设施系统设计与诸多方面的领域相关，是一个包括能源、信息、战略、技术、人力、文化等众多因素，以及社会文化、城市管理、品牌理念、用户研究、市场需求、空间场所、风格流派、形象语义、计算机科学、人机工学、系统设计、产品族、功能、造型、结构、材料、色彩等系统知识的复杂巨系统工程。

当我们面对诸多因素交织的城市公共设施系统设计要素与内容时，容易陷入一种困境和迷茫，就像“盲人摸象”，看不到事情的全貌，以点代面，以偏概全。于是，我们需要对如此复杂巨系统进行系统层次结构的梳理，形成若干任务相对明确、相对简单的系统设计类型，以便于工作的顺利开展。

审视城市公共设施的基本内容，其涉及了城市交通生活系统、城市照明终端系统、城市信息生活系统、城市卫生生活系统、城市绿化生活系统、城市休息生活系统、城市户外商业系统、其他城市公共配套系统等设施，事实上，这八类系统设施有着各自的特征和规律，比如设计一把休息椅和设计一辆公共交通汽车，二者有着不同的设计要求和技术标准，很难用一种格式化的标准设计去回应、解决各个系统的问题，俗语所说“隔行如隔山”，便是这一类设计情况的反映。但是，从另一个角度看，正如上文所说的城市生活是一个不应该被分割的生活态系统。事实上，在城市日常户外生活中的这些公共设施，彼此之间存在着紧密的关联性，这需要设计者、管理者首先以一种大设计的系统观去思考、梳理这个问题，然后，根据具体项目的不同情况和要求，找准所处系统的层次结构位置，结合城市公共设施的基本设计原则，有针对性地组织合适的专业设计合作团队，有的放矢，层层推进。

所以，我们应从城市公共设施各子系统的具体内容中跳出来，回到设计作为一种人为事物的角度，视其为一种事物，以“由物及事”、“由事明理”的思考线索，借助系统论的方法，对公共设施进行从宏观到微观、由大及小的分层梳理，这将会帮助我们厘清设计思路。

正如钱学森、许国志在1980年前后所提出的相关事理和事理学的概念，指出物有常规、事有定则。也如儒家经典《四书》中的《大学》所言：“物有本末，事有终始，知所先后，则近道矣”，说明了天地万物皆有其自身开始、发展、终了等规律。还如，陶德麟、汪信砚在《马克思主义哲学原理》一书中所言：事物的发生、发展有着一定的客观规律，事物是不断向前发展变化的，规律是事物发展中本身所固有的、本质的、必然的、稳定的联系，规律具有客观性、普遍性、稳定性和重复性的特点。[1]

城市公共设施也是如此，从无到有、从少到多，从简单系统到复杂系统，伴随着城市的成长而变化发展。参照事物发生、生长、成熟、终了的规律，让我们以倒叙分析的方式，观察城市生活周遭中的公共设施系统层次关系。

首先，城市公共设施直接呈现给我们的其实是事物经过各种因素酝酿、发生、交织、发展后的一种结果与表征，包含着千百年来城市的岁月变迁、文化积淀，也包含着这件公共设施自我所属类型事物的性质和功能演化。比如，针对城市历史街区中一把公共座椅的造型设计，一个初始化的问题是应该做何种样子的设计？于是，我们需要从其相关城市

[1] 陶德麟、汪信砚主编：《马克思主义哲学原理》，北京：人民出版社，2010年9月1日，第62-67页。

文化、历史背景等出发，进行形式语言、结构比较、材料选择、肌理匹配、色彩搭配、人机测试等一系列工作，以完成这把公共座椅的设计。面向这一类问题的设计可称为城市公共设施系统表征层设计。

其次，剖析现在的城市公共设施作为一种事物得以物化成型并能够正常运行作用的原因，其一是由于企业的生产制造使该公共设施得以出生并成型，其二是由于城市管理者的运行、经营、维护使该公共设施得以进入城市系统而生成其现实价值。比如，公共设施在企业语境下的首要问题是如何更好、更有效率地生产制造，那么，我们需要解决其产品从形式、结构、部件、零件到元件等系统设计；再如，围绕着城市公共设施的运营管理，需要通过用户需求、商业模式、产品效率以及维修服务等一系列手段，以保障其良好的运行。面向这一类问题的设计可以称为城市公共设施系统生成层设计。

最后，我们不禁要追问：为什么企业会生产该公共设施，以及为什么城市管理者会认为需要该公共设施？答案很清楚地指向：一种事物得以出现的成因，是源自城市生活系统的需求。比如，当城市发生拥堵现象，即城市交通生活系统出了问题，怎么办？也许，城市管理者会考虑是否需要采用能实现大批量人群高速运输的轨道交通，通过周密的城市交通规划、经济分析与设计，地铁或轻轨列车的产品设计与制造，以及相应的交通运行管理系统建构，最终，实现一种创新设计的城市轨道交通设施系统，为城市生活提供新的服务。面向这一类问题的设计可以称为城市公共设施系统根源层设计。

显然，城市公共设施系统的表征层、生成层、根源层存在一种内在的事物发展规律，这与1966年美国经济学家雷蒙德·弗农（Raymond Vernon）在《产品周期中的国际投资与国际贸易》一文中提出的“产品生命周期理论”相类似。产品生命周期理论（product life cycle），即一种新产品从开始进入市场到被市场淘汰的整个过程。即产品的生命和人的生命一样，要经历形成、成长、成熟、衰退这样的周期，一般的产品也会经历导入、成长、成熟、衰退四个阶段。[1]

[1] R.Vernon, *International Investment and International Trade In The Product Cycle*, Quarterly Journal of Economics, May, 1966, (5).

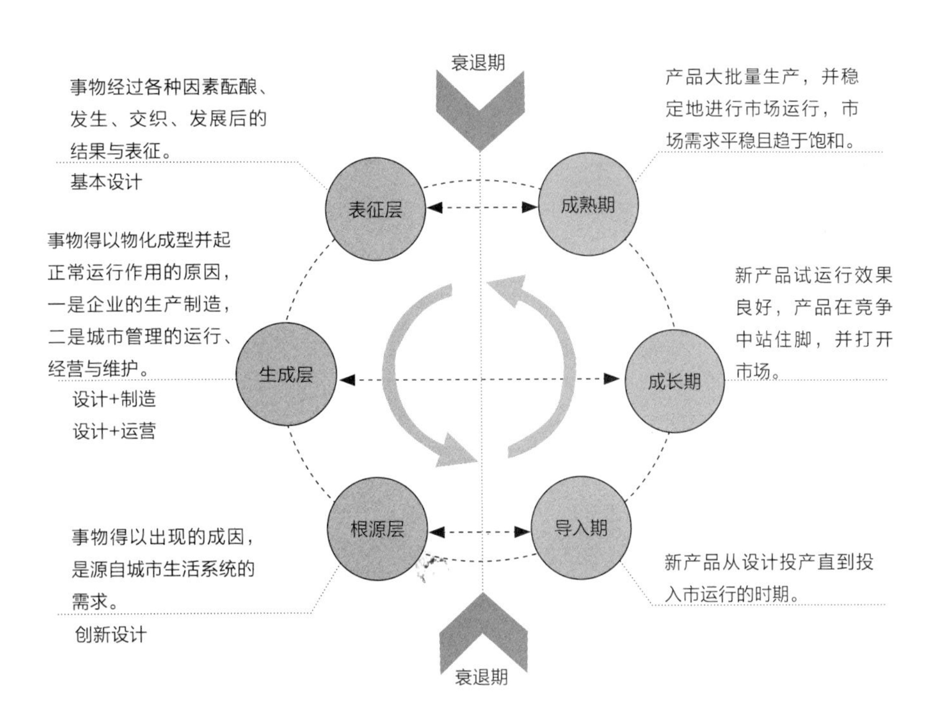


图3-20 城市公共设施与一般产品生命周期对照图

事实上，城市公共设施也同样存在衰退期，只是由于城市公共设施作为一种公共产品具有长期性甚至永久性的特征，一般不会被轻易拆除、更替或废弃，所以，通常在城市公共设施系统设计中，一般很少专门针对衰退期进行设计的展开与讨论。所以，我们认为城市公共设施系统的根源层、生成层、表征层，即意味着导入、成长、成熟的发展过程，最终穿越其衰退、终了的界面，形成一个不断演进、更替的事物循环发展系统，如图3-20所示。

由此，从城市公共设施表征层、生成层、根源层等系统结构出发，根据系统的要素、关系、层次、整体等概念，结合城市文化、用户需求、产品设计、生产制造、空间场所、运营管理、技术支撑等设计要素，把公共设施系统分解为系统结构、系统定位、设计内容、设计层次、设计核心、系统支撑、系统类型以及系统价值等八个方面，以基于表征层的本体系统、基于生成层的外延系统、基于根源层的顶层系统等为关联，完成这个复杂巨系统的一次城市公共设施的设计解构（表3-4）。

城市公共设施系统设计层次解构 表3-4

| 系统结构 | 系统定位 | 设计内容 | 设计层次 | 设计核心 | 系统支撑 | 系统类型 | 系统价值 |
|---|---|---|---|---|---|---|---|
| 表征层 | 产品应用 | 视觉：美学+符号+形式<br>实用：使用+技术+结构<br>种类：产品梳理+系统优化<br>空间：区域布局+场所布置 | 基本 | 美学设计 | 设计+ | 本体 | 设计价值 |
| 生层层 | 生产市场 | 大批量个性化定制<br>产品服务与运营管理 | 跨界 | 产品族设计<br>运营与设计 | 设计++ | 外延 | 经济价值 |
| 根源层 | 城市问题 | 城市生活系统：可持续，美丽城市、智慧交通、环境保护、社会公益等 | 策略 | 新概念<br>新技术 | 设计+++ | 顶层 | 总体价值 |

在城市公共设施表征层、生成层、根源层等系统结构基础上，首先需要明确的是设计的任务目标，也是设计的系统定位。通常，系统定位是指系统输出的对象定位，例如，打造一条具有某城市文化特色的步行街公共设施系统，其设计的基本定位属于一种产品造型美化与应用；再如，探索一种新型的地埋式智能垃圾桶系统，其设计的基本定位属于一种面向市场的新产品开发。

其次，在明确了系统定位后，需要厘清具体工作与设计内容，也就是做什么的问题，比如，设计美学梳理、文化符号提炼、形式语言创新、产品结构改进，以及街道场所环境配置等设计内容；又如，面向用户需求的大批量个性化定制产品族设计，包含品牌营造、产品族基因、产品识别等设计内容。同时，面对准备展开的设计内容，需要清晰地理解设计处于哪一类设计层次，如基本设计、跨界设计、战略设计等，以便于采取合适的设计方法和手段，进而聚焦该层次的设计核心，抓住系统支撑的关键环节，并积极调动各种项目资源、团队和相关的设计力量。

在这里，所谓系统类型是指与公共设施表征层、生成层、根源层相对应的本体系统、外延系统、顶层系统等设计类型，由于设计所处的不同系统类型，其相关的系统定位、设计内容、设计层次、设计核心、系统支撑等情况也不同。同时，设计的系统价值亦随之不同，比如，对于本体系统设计而言，项目竞争的实质是设计的功力、美学的把握等，而外延系统设计可能不仅仅是美不美、好不好看等问题，而是诸如设计是否能产生较好的经济价值等问题，显然，二者设计价值的评价导向完全

本能水平的设计 ➤ 外形

行为水平的设计 ➤ 使用的乐趣和效率

反思水平的设计 ➤ 自我形象、个人满意、记忆

图3-21

图3-21　诺曼基三个层次水平对应的产品设计特点([美]唐纳德·A.·诺曼(Donald A. Norman):《情感化设计》，付秋芳、程进三译，北京，电子工业出版社，2005年5月，第21页)

不同，于是其设计内容、设计核心乃至设计手段等也不同。

上述关于系统设计解构的分析中需要强调的是，所谓设计层次是对所承担的不同设计任务的层次类型判断，本书根据城市公共设施设计任务，把设计层次分为基本设计、跨界设计、战略设计三种类型。这里所提出的基本设计的概念与美国认知心理学家唐纳德·阿瑟·诺曼（Donald Arthur Norman）所讲的本能层设计的指向不同。诺曼基于人本主义提出了设计可以分为三个层次水平（本能层、行为层、反思层）的设计（图3-21），[1]以笔者看来，设计的确与人紧密相关，但设计并不等同于人，从人本主义出发和从设计本身出发对设计进行分类，由于二者基点的不同会产生不同的答案。在某种意义上讲，设计类似于中国传统文化中的武功，与其我们从人本主义出发对武功进行分层次，不如从武功本身出发的层次分类更为有效。设计也是一样，尤其在今天设计学科变化发展迅速的情况下，各种极具竞争力的跨界设计凶猛涌现，正如中国移动所说："搞了这么多年，今年才发现，原来腾讯才是我们的竞争对手；战略设计更是不断体现其价值与力量，比如诺基亚在拥有智能手机技术的情况下，仅仅是因为其略有保守的设计决策，直接导致一个巨型国际企业的毁灭性失败；此外，长久以来，由于设计服务费的总额偏小，设计公司处于企业经济产值水平低下的尴尬窘境，然而，今天国内已经出现工业设计公司上市等令人惊讶的情况，比如杭州瑞德设计公司通过设计、制造、产业、商业多元融合发展等方式，成功进入金融资本市场，由此，我们的设计更需要清楚地认识、理解所进行的设计层次、内涵乃至价值指向。

当然，基本设计、跨界设计、战略设计三者本身并无绝对的层次水平与价值的高低之分。比如，以家具行业为例，也许做好一把椅子的形

[1]（美）唐纳德·A.·诺曼（Donald A. Norman）:《情感化设计》，付秋芳、程进三译，北京：电子工业出版社，2005年5月，第47-70页。

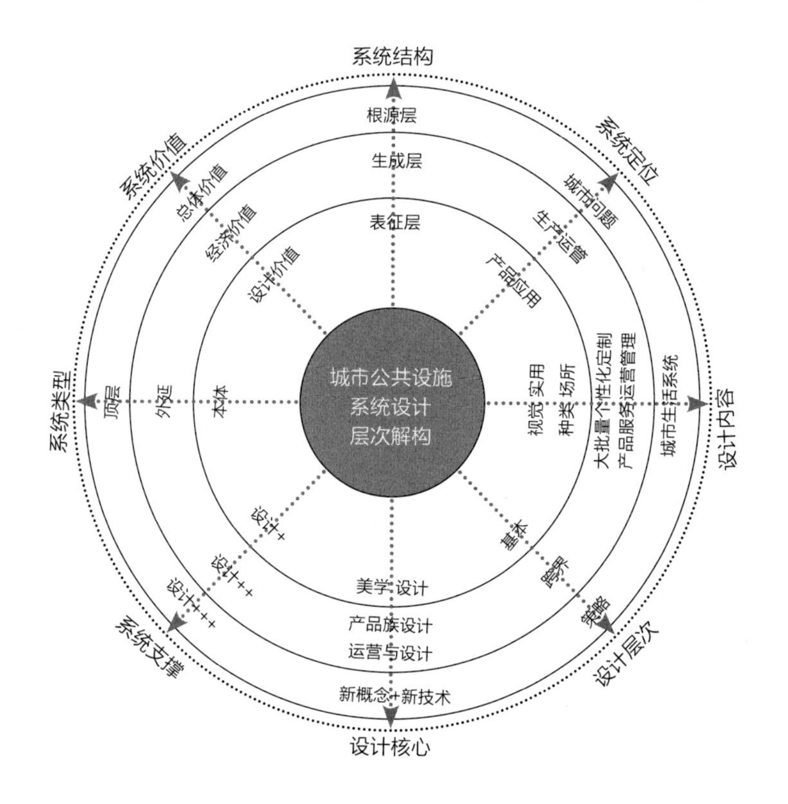


图3-22 城市公共设施系统设计层次环形解构图

态、结构、材料、人机与工艺等设计，要与生产制造形成紧密配合，此类设计可以归属于基本设计层次，但这就可以称为是好的设计。相当一部分的城市公共设施可以纳入此类设计层次，比如公共座椅、公共座凳、户外休息桌、凉棚等。所以，关键在于面向不同的设计任务时，我们需要理解该设计层次的基本定位，厘清与该层次相联的系统定位、设计任务、核心技术、系统支撑和系统价值等关系。

但是，当我们把从表征层、生成层、根源层出发的城市公共设施系统设计层次解构的内容以环状方式排列时，会呈现一种设计辐射力由内而外、逐步放大的效果，这也在一定程度上反映了设计价值存在同步变化的情况，如图3-22所示。

## 三、城市公共设施系统设计体系建构

通常，在城市公共设施系统设计的任务数量中，以笔者十多年来的设计经验估算，本体系统层面的设计大约有70%的份额，外延系统层面的设计大约有20%，顶层系统层面的设计大约有10%。这与目前中国城市公共设施发展及其设计需求的现状基本符合，即对已有公共设施或产品的改良、美化的基本设计为主，以及部分与生产制造、经营运行相关的跨界设计，涉及整个城市生活系统具有一定战略性的设计相对极少。

（一）城市公共设施系统设计体系内容思考

由此，我们可以在城市公共设施系统设计层次解构的基础上，从表征层、生成层、根源层出发，结合本体系统、外延系统、顶层系统等系统类型，建构一种城市公共设施系统设计体系，进一步明晰主要工作内容，诸如，设计处在整体系统中的何种类型和地位，项目背景与项目规模何种情况，需要承担哪些主要的设计任务，通过哪些具体的设计手段和方法，以更好地发挥作用和价值等，并以之作为开展城市公共设施设计实践的一种系统性参考样板。

相对而言，基于表征层的本体系统设计，一般以一条街道的公共设施设计项目最为常见，项目规模、经费投资较小，公共设施的生产制造技术比较成熟，核心要点基于城市美学的设计水平和能力，其参与者主要为设计师和政府主管部门人员，相对容易沟通协调、完成设计实现。而基于生成层的外延系统设计，主要有两大设计类型，其一是结合生产制造的需求，以新城区或新街道建设的公共设施系统项目为多，通常需要比较大的项目规模，公共设施的生产制造技术要求较高，产品的单位成本较高，需要设计达到产品零件图的深度；其二是结合城市运营与管理的需求，各种背景的项目都有可能发生此类设计，核心要点是如何以公共服务为导向，建构从设计、产品到市场运营的价值转化系统，两类设计的参与者均超出了设计师和城市管理者的基本构成，涉及企业家、工程师、商人、投资者等人群，设计的实现难度较高。

如果说关于表征层、生成层的设计通常是在现有产品系统上的美化、优化与技术性深化、经营性商业的话，那么，基于根源层的顶层系统设计则是面向城市生活系统的新需求、新观念与新设计，事实上城市发展存在着大大小小、众多的新需求可能，随之，这一类设计的类型也比较多样化。其核心在于发现城市生活的新需求、新问题，以及新技术、新材料、新结构的设计应用，同时，由于项目往往涉及的部门、企业、单位较多，需要的投资规模和支持力度较大，整体系统设计的实现难度高。

在上述关于城市公共设施系统设计体系内容的讨论中，尤其需要注意的是这一类公共产品设计与一般产品设计在项目前提下存在着很大的不同。一般产品设计的一个重要目的是企业为了获得新的产值与利润，逐利是企业生存和发展的原动力，为了逐利企业会尽可能地调动各种资源和手段，只要投入能够带来丰厚的回报，至于产品的成本与价格是否为大众一般收入者所接受，还是仅为小众高端消费者服务，这不是问题的核心，这美其名曰是设计的定位不同，似乎，此时设计有种被问罪后的替罪羔羊之嫌疑。

而城市公共设施这一类公共产品的前提不是逐利，而是公益，公益的基本点是大众的利益，利益于此具有了多维度、多身份的复杂性，相对于企业逐利目标的清晰性而言，每一位设计的参与者会难以把握这种复杂性。其中，在第三章第一节所提到的基于可持续性的合理性设计可以作为城市公共设施设计的基本前提条件，具有城市长期发展视野的合理性，包含了诸如与城市经济发展水平的相适应性，与日常生活需求相关的可用性、有用性，与生产制造相关的批量化、较低成本等因素，显然，不同系统层次的项目与其所需要系统支撑的力度和可调配资源的多少，将直接影响设计的效果、质量与成败。

（二）一种开放的、动态发展的城市公共设施系统设计体系

回到“体系”的词性上看，其本质是一个科学性的术语，是指在一定范围内、相关的事物按照一定的秩序和内部联系组合而成的整体。体系有敞开体系、封闭体系、孤立体系等，[1]城市公共设施无疑是一种极具开放性的不断发展的系统，随之，其系统设计体系也必然是一种开放的、动态发展的体系。

我们探讨城市公共设施系统设计的层次结构与设计体系，也并非是为了系统而系统，更无意于各子系统之间的区隔，乃至于某种新的专业壁垒和设计机会的遗漏。事实上，在五彩缤纷的现实世界中，城市公共设施设计任务的产生或来源渠道不一而足，有来源于政府的建设规划要求、企业的新产品开发任务，也有源自科研课题的研究需要，这便存在着更多类型、更多方式的系统设计可能，新的设计应面对不同的情况而

---

[1] 吕叔湘、丁声树主编：《现代汉语词典》，北京：商务印书馆，2012年6月第6版，第1342页。

生成新的系统设计体系内容与形态。

在项目的系统设计过程中，有一个常见的现象：设计师与政府、企业或其他类型的甲方之间，存在着一种双方或多方的博弈关系；换句话说，所谓的设计任务往往并非是固化的，由于各种因素的影响，设计任务会随着项目工作的进行而变化。

在现有的行政体系下，对于政府管理部门的人员来说，其本职工作首先是完成好上级交代的任务。比如，把某一条街道的环境设施建设好，由于其对这一类具有一定专业性任务的认识未必那么清楚，通常采取的办法是招标制度，多家竞标与专家评审相结合，尽可能保证最合理的方案中标，以完成领导交代的工作任务。于是，在这个被预设的程序下，会发生与政府、专家的多次设计对话，也正是在这样的对话过程中，除了设计费问题，就设计本身而言，通常取决于几个方面的因素：谁看问题更准、更高、更广，谁的设计资源和力量更强大，谁的设计更具有打动人心的方案。比如，两个具有同样设计美学水准的公共设施设计方案，但是其中一个说，他的设计不仅好看、好用与方便施工，而且可以帮助工厂实现快速生产的问题，进而加快整个工期的进度，同时，还将在项目工程完工后帮助管理者实现管理、维护乃至扩展应用的效率，那么，显然这样的设计将在评选中获得极大的加分。

不仅在项目初期的投标与评审环节，诸如此类的对话在整个项目过程中会不断发生，这实际上也是设计价值的沟通与交流、演变与实现的动态发展过程。至于在这个过程中形成各种各样的系统设计形态，究竟归属于哪一个层次，或者是多层次兼而有之等问题，都变得不再重要，重要的是有没有真正解决好问题，甚至于超出预期的结果。

此时，设计不只是一种传统意义上的专业设计，而是可以被还原为一种方法、一种工具。既然，设计作为一种工具，那么这个工具的使用者、参与者的身份也变得不再重要，我们也不必执着于设计师这个具有理想主义色彩的称呼，不妨尝试着去扮演政府官员、管理者、投资者、生产者等角色或身份，选用合适的方法或工具调动足够的资源和力量，最终很好地满足需求、解决问题、获得成功。

从根本上说，我们进行城市公共设施系统设计的要素、知识、层

城市公共设施系统设计体系

本体系统与表征层，外延系统与生成层，战略系统与根源层，系统环与层次环同步，设计环跟随价值环、由内而外、层层放大。
这是一个开放的系统，应回归城市生活本源需求，突破现有环节，以交叉、垂直、协同等创新设计，实现新生活、新需求、新系统。

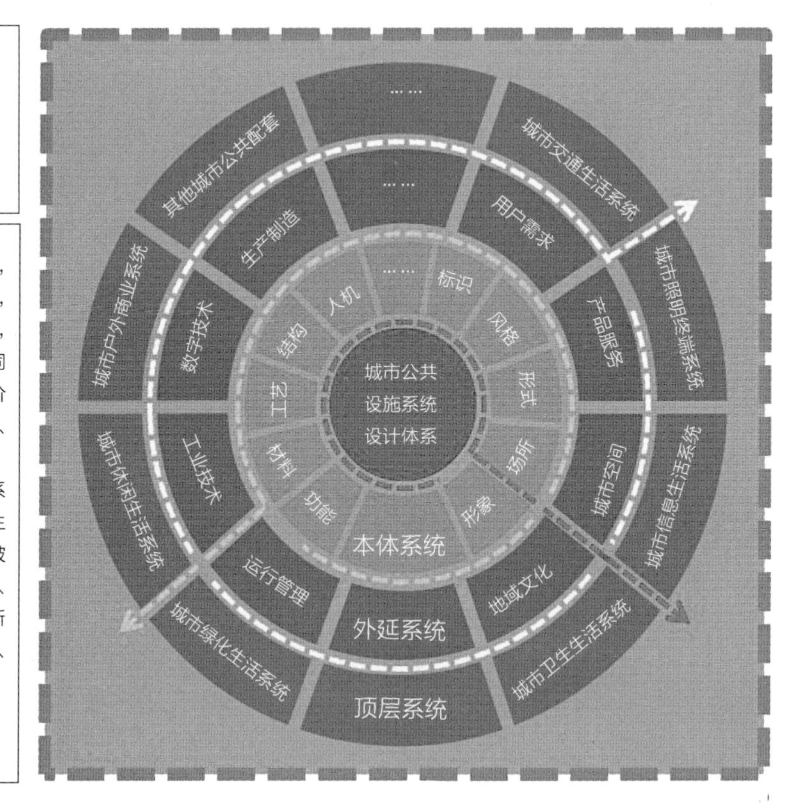


图3-23　城市公共设施系统设计体系示意图

次、结构的探讨，是为了更好、更清楚地理解、把握城市公共设施这件事，由此，我们基于城市日常户外生活的需求，提出一种开放的、动态的、多层次、多维度的城市公共设施系统设计体系。

如图3-23所示，我们可以发现一个有趣的现象，对于城市公共设施系统设计而言，从其本体系统、外延系统到顶层系统，从其设计的微观、中观到宏观，以及八个城市生活系统，均以浮岛的形式漂浮于生活的大海之中，而设计的发生是源自这些浮岛之外的海水，本体系统、外延系统、战略系统构成了整个设计体系的基本框架，并且与表征层、生成层、根源层同步，而设计的价值或者辐射力随着系统层次环节由里及外、层层放大。结合这张图，尤其要强调的一点是，鉴于该设计体系的浮岛特征，当不同的浮岛连在一起便形成了某一层次的系统设计或者某一种类型的系统设计。这表明作为开放性、多层次体系的城市公共设施系统设计，应该高度重视设计回归本源的需求，通过各种方式把浮岛关联起来，基于设计层次环节的内容，但不限于其层次环节的边界，以交叉、垂直等方式贯通各系统层次的障碍，协同创新，共同实现新设计、新系统、新生活。

# 第四章

# 城市公共设施系统设计深化与实践

在国内外城市公共设施的研究现状、概念分类与重构、系统设计层析结构研究的基础上，笔者凭借多年的工作经历，进行了大量的城市公共设施设计实践，结合前文城市公共设施系统设计体系中所提及的本体系统、外延系统和顶层系统，从城市公共设施的形式、功能、场所等基本问题，到城市管理运行与生产制造等设计扩展，以及根源于城市生活系统的创新设计等方面展开设计验证与探讨，希望能够在设计实践的基础上，进一步厘清并总结出城市公共设施系统设计研究的模式。

## 第一节　城市公共设施本体系统设计实践

### 一、产品与本体系统

#### （一）产品与产品系统

城市公共设施系统表征层的设计出发点是基于现有产品的表征分析，挖掘其内涵的文化与美学，通过视觉形象、产品造型、实用功能、场所配置等设计，完成新产品本身的设计以及在环境中的应用。显然，在表征层中，产品成为一个重要的研究对象。

通常，产品是一个概念范围极为广泛的名词，一般可以分为狭义产品和广义产品两类。狭义产品，具有物质性的功效，同时具有使用价值和交换价值，即认为产品就是人们生产出来的物品。“产品”一词在《现代汉语词典》中就被定义为生产出来的物品，即指工业化批量生产出来的物品。比如汽车、电水壶、家居用品、相机、座椅等。[1]广义的产品概念则认为：产品包括有形的和无形的，能够满足人们的需求、具有

---

[1] 吕叔湘、丁声树主编：《现代汉语词典》，北京：商务印书馆，2012年6月第6版，第149页。

图4-1　公共自行车产品系统图示

一定用途的物质产品和非物质形态服务的综合都可称之为产品。[1]譬如，iPhone（苹果手机）就将自己产品定义为："有形属性和无形属性的统一体，它包括包装、展示销售、价格、生产商信誉、零售商信誉及生产商和销售商的服务等，比如苹果公司提供的下载平台App Store，用户可以根据自己的需求下载不同的软件产品。"

这里所说的产品本身以及在环境中的应用，主要是在设计学科的语境下进行的与产品设计相关的讨论，而非从经济管理等语境出发，诸如杭州打造新的旅游产品"西溪湿地国家公园"、万科集团推出新产品"万科·公望360° 环山巅峰大宅"等概念。

从城市公共设施的公共产品属性出发，需要强调的一点是：人们接受某种产品，并不是为了获得产品本身，而是为了满足某种需要。比如，人们在城市户外街道的流动商业设施中买了一杯咖啡，不仅是为了喝咖啡，也为了在漫步、休闲时享受一种城市所提供的文化、服务与体验。所以，我们应避免把狭义产品用狭隘化、固化的视角去审视。

与一般产品相比，由于城市公共设施必须设置在特定的城市场所中方能完成其基本功能，所以，其产品系统具有"产品+场所"的双重特征。

就一般产品而言，产品可以视为具有某种结构和功能的个体，即由不同材料和工艺制造而成的部件构成的整体，也可以被视为一个由各种要素或子系统构成的自我系统。[2]要素是构成本体系统的单元体，结构是若干要素相互联系、相互作用的方式和秩序，要素通过结构关联作用的目的就是系统功能的输出。以单件城市公共设施产品而论，其系统的要素和结构关系相对稳定，具有相对独立的系统功能。例如公共自行车，全车数百个零件以一定的造型、构造等连接方式，通过支撑系统、转向系统、传动系统、制动系统等子系统，形成完整的公共自行车产品系统（图4-1）。

从城市公共设施产品与场所相结合考虑，其系统的要素和结构关系则具有一定的灵活性，具有成组化的系统功能。例如公交候车站，包含

---

❶ 刘永翔：《产品系统设计》，北京：机械工业出版社，2009年5月1日，第18-19页。
❷ 吴翔：《产品系统设计》，北京：中国轻工业出版社，2000年，第11页。

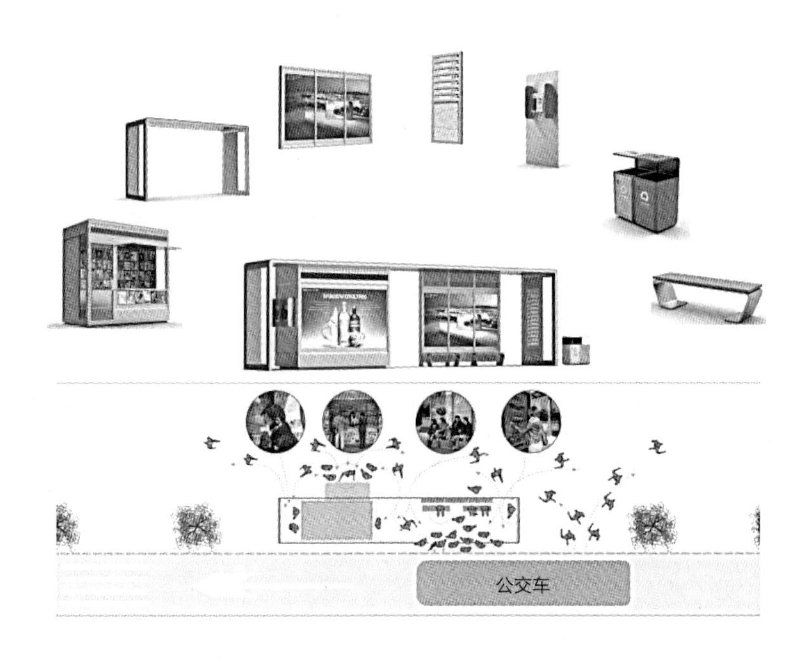


图4-2 公交候车站系统图示

遮雨棚、公车站牌、坐凳、果壳箱等，通过合理的基本配置，以及根据不同的空间场所进行各个城市公共设施的组织安放，形成完整的公交候车站系统，如图4-2所示。

（二）关于本体系统的设计思考

由此，城市公共设施本体系统设计演化为主要围绕着产品本身及相关事理、场所等系统的设计。

在城市公共设施本体系统设计中，一般常见的基本任务类型是某一条街道的城市公共设施设计，比如城市街道的户外座椅、垃圾桶、路灯、候车站等系列设计任务。按照一般的设计程序简要描述，设计师首先会考虑该设计任务是为谁做，其次考虑该任务的设计定位，再次开始涉及产品的功能、形式、结构、材料、工艺、色彩等因素，最后考虑座椅、路灯、候车站等如何在场所空间进行合理放置。

在这里，关于该设计为谁做的问题，容易被甲方和乙方的合同关系所制约和导向，加上政府部门在工作中所处的天然强势地位，往往形成设计以政府部门的意志、喜好为转移，为大众的设计主张于此容易产生一定程度上的偏移。

目前，大多数城市的公共设施已有产品种类基本齐全，可以满足城市人日常生活的基本需要，因此，这一类基于本体系统设计的主要任务是在现有城市公共设施基础上的美化和落地，如产品功能优化、形式美

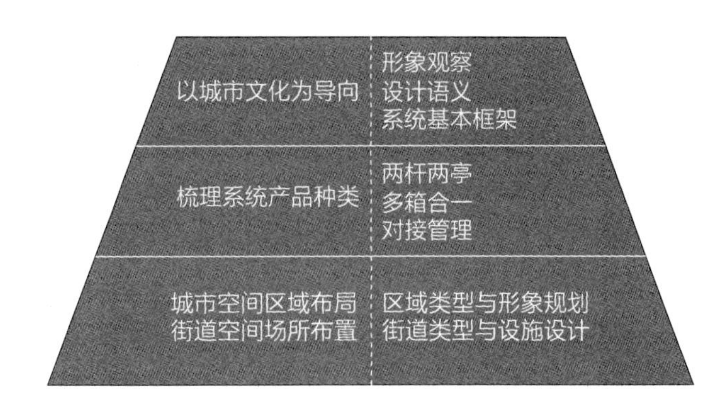


图4-3　城市公共设施本体系统设计的三类主要内容

化、配置合理与整合设计等，这属于一种改良性设计。

大多数设计工作的确是在日常生活中已有产品系统基础上的设计改良与优化。设计师通过设计的种种手段或某种专业设计方法，使设计能赋予产品更多的附加值，这实际上也是设计的基本环境与生存状况。从设计价值链的角度出发，这一类设计更关注设计的文化内涵与符号表达水平如何、设计的产品造型水平如何、设计的产品功能是否满足用户需求等，一般既不直接与企业制造形成嵌入式的生产关系，也不直接与市场商业形成运作、买卖的利益关系，与两者之间属于一种间接的经济关系。相对而言，这类设计的实现难度较小，由设计师完成主要工作，在甲方或者客户接受设计成果后，继而进入企业的生产制造，以及市场运营等环节。事实上，从作为现代设计开端的包豪斯开始，设计重点一直关注产品的形式与功能的问题，这已经成为设计师的一种基本能力，其设计也可称为一种基本设计。[1]

另外，对基于城市公共设施表征层的本体系统设计思考，我们也可以从产品生命周期理论的角度进行观察。在这个阶段，各种公共设施处于相对成熟的阶段，从使用者、管理者的角度看，他们均已基本清楚诸如户外座椅、垃圾桶、路灯、候车站等产品的使用方式、经济成本、运行管理；从生产制造的角度看，其产品的加工工艺、工业流程也基本成型，市场的成熟度较高，同行业之间的企业竞争也处于相对激烈的情况。

综上所述，对于城市公共设施系统设计而言，在这个阶段主要包含三类主要内容：挖掘表征层的城市文化内涵，提升设计美学的附加值；梳理公共设施系统产品种类，优化系统功能；完善公共设施城市空间区域布局，实现街道空间场所布置，如图4-3所示。

---

[1]（英）弗兰克·惠特福德：《包豪斯》，林鹤译，三联书店，2001年版，第223-224页。

## 二、以城市文化为导向的设计

### （一）从城市文化开始

城市，从词义上讲，是由“城”与“市”构成。对于大多数非战略要地属性的城市而言，其“城”往往是由“市”的汇集而成，是人类社会、经济发展到一定程度的必然产物。随着人流的汇聚、交易的繁荣，在一些交通便利、环境合适的地理区域便自然而然地出现城市，城市一个最基本的特点便是其地域性。[1]

从地域性的角度出发，每一个城市的山水、人文都具有不同的根性与传承，当然，其城市的形象、气息也形色各异。在中国传统文化中，对于各地方的描述也是极尽其传神韵味，如北国风情、巴山蜀水、江南水乡、二樵珠江、塞外飞雪、楚水汉天等，在千年以来社会文化经济活动等的不断推动下，各地城市也逐步形成了不同的城市形象特色，[2]当然，每一个人对于同一个城市形象的准确描述可能会有不同，但这并不妨碍人们对每个城市特色的追溯与感悟。

目前，国内一部分具有相对先进理念的城市如北京、上海、杭州等，对城市文化、地域性等方面高度重视，正在努力塑造各自的城市形象。然而，自西方的工业革命开始以来，现代设计几乎影响了中国所有的城市，也包括乡镇，大到城市建筑、广场、街道，小到街头的指示牌、垃圾桶以及城市旅游小产品，产生了所谓“千城一面”的现象。这种伴随着城市化进程出现的千篇一律的现象，正在不断地埋没生动而鲜活的城市地域特性，这种趋同的城市现象应该引起人们的高度警惕。

毫无例外，这种趋同现象也影响了城市公共设施的设计。在这些有着相似面孔的城市公共设施面前，人们很难找到城市的自我认同与归属感。如果当设计的最终结果只剩下简单的功能主义时，造物的本源意义和价值就会被格式化、被扭曲。城市公共设施的设计应该始终与其城市文化、城市形象相符，这样才能回归基于地理学基本属性的城市意象。

---

[1] 马云林、吴蕙：《浅析城市发展的历程》，载于《中国市场》，2012年第1期，第112-113页。

[2] 王婷：《杭州，与美共舞》，载于《浙江日报》，2011年05月13日。

（二）国内外城市公共设施形象观察

当城市的GDP超越一万美元的关口以后，[1]城市的建设开始从相对粗放型的基础性设施建设转向追求更具智慧、更有品质的美丽城市等发展方向。进一步来说，当城市进入城市品牌营销战略阶段以后，城市形象作为城市品牌战略的重要载体，其意义与价值得到充分凸现。

城市形象是以城市为研究对象的一个事关文化、美学的命题，其范畴可以从一盏路灯、一座建筑、一个广场、一个园区到一个新城区域，从道路、建筑、景观到公共设施、信息等各种城市层次，几乎无所不包，如图4-4所示。

本书主要关注城市公共设施的形象定位，属于“大美术”语境下的话题。

首先，展开城市公共设施形象的纵览式观察。

人们认识一个城市，感知一个城市的形象，总是会经历由虚到实、由远及近的渐进过程，所以，本书对于国内外城市公共设施形象的认识与比较，亦从宏观、远景、中景、近景等角度出发，从城市总览、街道

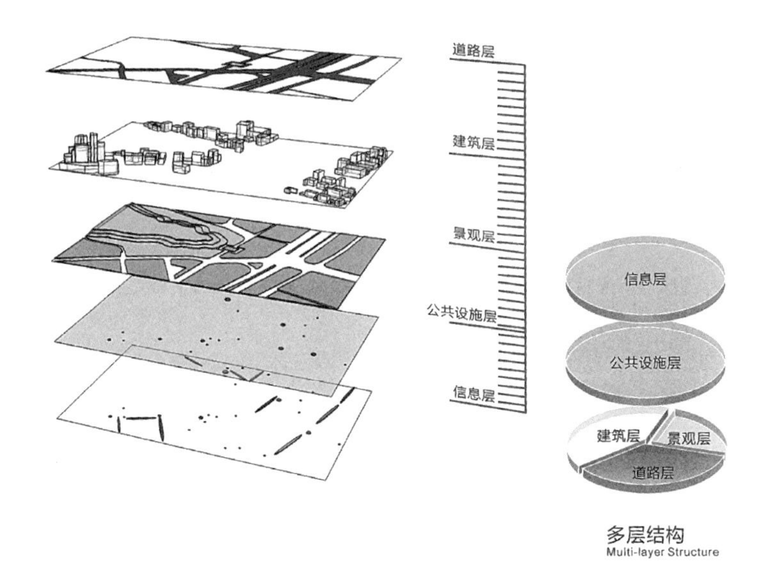


图4-4　城市形象多层结构图

[1] 2010年世界 银行根据收入水平对不同国家或地区分组，把人均GDP一万美元公认为是从发展中状态进入到发达状态的标志线。

俯瞰、城市节点、城市公共设施层面进行观察，列举上海、苏州、巴黎、伦敦、迪拜、日内瓦等在公共设施建设方面相对有特色的城市。

上海，是中国经济与金融的领头羊，也是世界级的大都市。以浦东为例，城市街道空间尺度巨大，城市建筑形象高大且极具科技感，公共设施基本形象呈现海派、高科技、实用等特点，然而诸如交通指示牌等部分公共设施品质不高、与国内二三线城市同质。苏州，是中国历史文化名城之一。以苏州中心城区为例，城市街道呈江南中小城市格局，空间不大，城市古建筑精致秀美，现代建筑凝练简约，公共设施基本以传统人文形象为主，但部分公共设施如垃圾桶等造型平淡乏味、品质欠佳。巴黎，是法国的首都和政治文化中心。以巴黎中心城区为例，其公共设施具有历史与时尚并重的特点，如公交自行车系统，从整体系统到自行车本身的品质均显得既厚重又精致。伦敦，自18世纪起一直是世界上最重要的政治、经济、文化、艺术和娱乐中心之一。以伦敦中心城区为例，其公共设施设计简单低调，融于环境，具有历史、绚丽的特点，如喷砂黑色表面处理的路灯杆，简单精致，与建筑风格相统一。迪拜，源源不断的石油和重要的贸易港口使其成为奢华的代名词。以迪拜中心城区为例，其公共设施具有奢华、时尚、炫目的特点，如迪拜特有的带空调的公交换车亭，高调地展示了迪拜奢侈休闲的城市形象。日内瓦，是瑞士境内国际化程度最高的城市。以日内瓦中心城区为例，其公共设施具有山水人文的特点，城市家具大都通体黑色，与欧洲建筑淡黄色外立面相协调，造型简洁，例如路灯杆便以黑色圆形线与直线为基本形，如图4-5所示。

由上述可见，无论是国内的上海和苏州，还是国外的巴黎、伦敦、迪拜和日内瓦等城市，其城市形象均努力强调、凸显地域文化的特征；相对而言，国外的巴黎、伦敦、迪拜和日内瓦等城市在公共设施方面的关注，更具一种对城市细节品质追求的精神。

其次，进行城市公共设施形象的细微式观察。

城市公共设施与城市建筑、街道一样总是默默地站在日晒雨淋之中，为川流不息、来来往往的人们提供各种各样的服务，传达着城市的文化和态度，代表着城市的形象与细节。

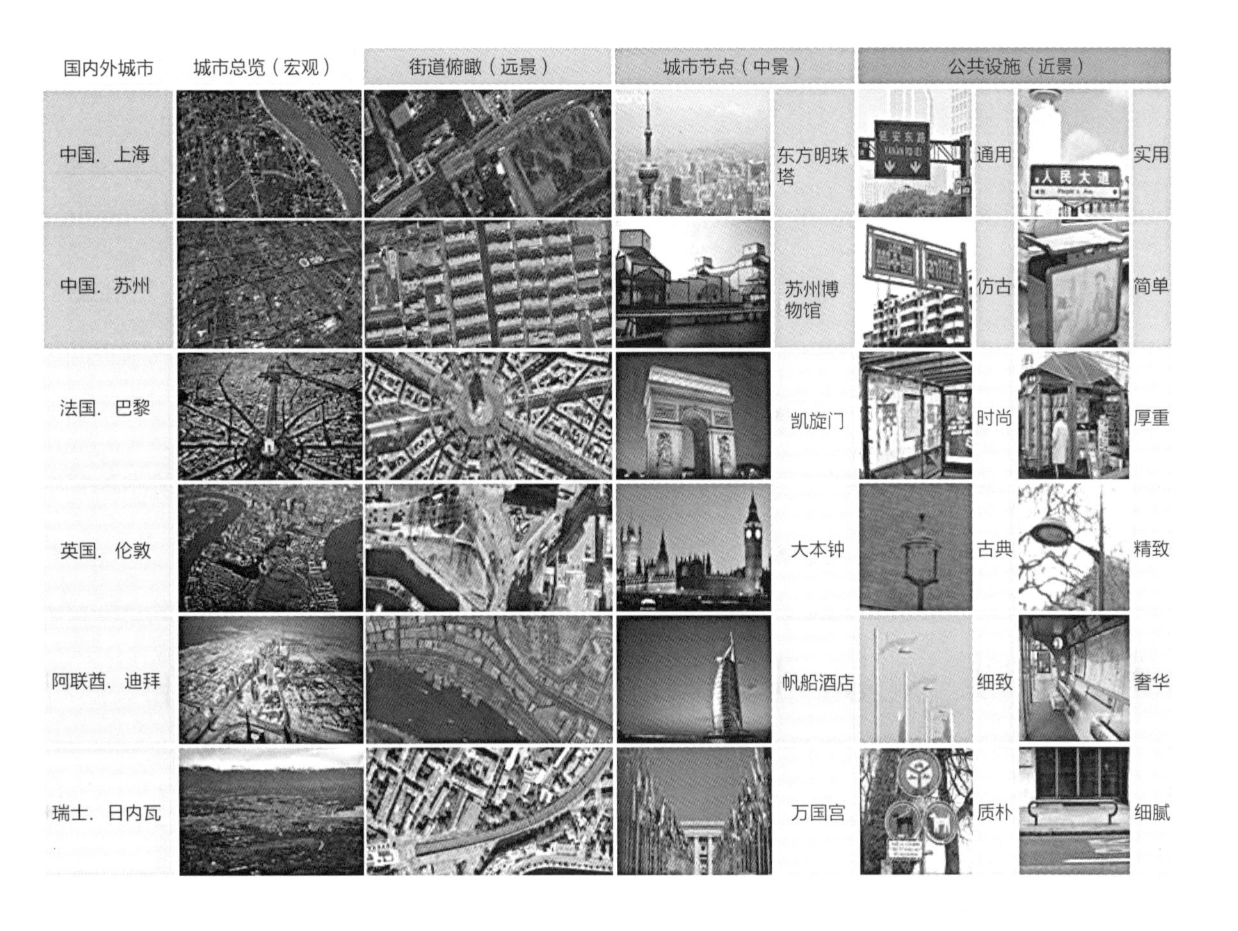


图4-5　国内外特色城市空间及公共设施建设比较图

我们可以从德国西南部莱茵河畔的弗莱堡城市公共设施设计中（图4-6），管中窥豹，略见一斑。弗莱堡是欧洲一座有着悠久历史的小城，迄今依然遗留着朴素的、古代王室家族的气息。在城市发展改建过程中，弗莱堡充分尊重历史，保留了传统空间布局与街道尺度，极具岁月流淌的痕迹。尽管，以今天的视角来看，其整体街道空间较为狭窄，但是其城市公共设施在尽量利用原有城市建设基础系统的同时，因地制宜，务实而巧妙地进行公共设施的设计。比如，基于弗莱堡原有水体系统的水渠设施整治与更新，伴随着城市古老的水渠历史，温暖、亲切、舒适、怡人的城市生活徐徐展开，营造出贯穿整个城市的活的流水与行人互动新景观，成为欧洲极具魅力的一个美丽小城。再如，通常的城市路灯设计大多选用竖向的立杆式路灯，而弗莱堡给出了完全不同的设计方案，其路灯设计巧妙地利用城市狭小的街道空间，采取一种横向路灯支架的安装方式，用一根两端分别固定于街道建筑上的拉索成为路灯的支架，有趣且实用。值得一提的是弗莱堡街道上那些随处可见、工艺精

图4-6 弗莱堡城市公共设施设计（转引自王昀：《杭州城市家具系统化设计——寻找城市性格》，载于《美美与共——杭州美丽城市与中国美术学院共建成果集》，杭州：中国美术学院出版社，2011年4月，第157页）

美的碎石图案的铺装，其实是一些路标，告诉人们这条街道上有什么商店或特色，所谓城市细节于此充分显现。

在欧洲这个充满人文气息的大陆，诸如此类在城市公共设施设计中将历史文化和功能布局等方面处理得相得益彰的小城，不在少数；其城市公共设施的空间与场所、造型与材质、色彩与标识等均与当地的历史传统息息相关，在延续城市历史文脉的同时，也很好地与当下的城市生活、城市发展相适应。

再如，在杭州市政府牵头举办的2004年首次杭州城市家具设计大赛中，时任杭州市建委主任朱金坤所言："与我们朝夕相处的西湖相比，杭州城市的路灯、报亭、垃圾桶等显得沉闷、呆板，缺乏个性和灵动之气。"[1]这个采访的回答显示了一种从杭州城市文化、地域特色（如西湖）出发，对千篇一律城市公共设施的不满与诉求。

杭州是一个文化底蕴深厚、地域个性鲜明的历史文化名城。从杭州的历史、宗教以及世俗生活节庆，到苏东坡、白居易、苏小小、许仙、白娘子等众多历史名人与传说，均与西湖密不可分，可以说杭州的建城史，就是西湖的发展史。

[1] 李绍升、张伟达：《首次城市家具设计竞赛获奖路灯街椅今年有望摆上街》，来源于杭州网，2005年1月15日，网址：http://www.hangzhou.com.cn/20040101/ca640702.htm。

杭州城市的形象与气质很大程度上源自于人文山水、湖光潋滟之间，其城市公共设施设计也应该反映出这种特征。在该次设计大赛中，笔者与俞坚、周波老师等一起参与了中国美术学院工业设计团队的设计指导工作。其中，有一组以水波纹为主题展开的学生作品名为“水漾漾”（图4-7），以生动的方式展现了这种韵味。杭州的波浪是一种相对平静、微微的波浪，并非激情澎湃的大浪，设计紧紧抓住了“水波涟漪”的设计语义，同时，以细腻的造型手法，诠释出杭州的婉约、精致。从该设计作品中，我们可以感受到一种细腻、微观的视角：立足杭州的文化，观察西湖的山水，体悟设计的活化。

综上所述，城市文化可以分为显性和隐性两个方面，隐性因素包括社会历史、文化、礼仪、习俗、生活方式等，显性因素包括造型、纹样、图案、色彩等，对于城市公共设施本体系统设计的基本工作而言，需要的是把城市文化的隐性因素通过设计挖掘使之显性化，并结合城市生活实际情况，以具体化的形式、风格、材料、工艺等方式呈现出来。

（三）杭州中山路城市有机更新工程之公共设施设计探索

第一，理解设计背景，明确设计目标。

杭州城市发展战略明确提出共建共享“生活品质之城”，这意味着

图4-7 “水漾漾”城市公共座椅与地灯设计

要把提高人民群众的福祉作为经济发展的目的和优先目标，发展的目的最终是为了提高人民群众的生活质量，也是以人为本的设计观的体现。

杭州市委、市政府从2008年1月起开展中山路街区的整治工程。中山路是杭州老城区中历史遗存、历史风貌和民间生活等地域性特征最为集中、完整的城市街区，它是南宋都城的御街，它是杭州这座历史文化名城曾经的“文化脊梁”，应该和西湖一起成为城市的名片。

与几乎所有的中国历史文化名城一样，杭州在社会经济发展、城市化进程中，遭遇了现代文明与传统文化之间的强烈碰撞与危机，尤其是老城区的城市结构和功能系统的衰退，城市文脉与城市生活关系的弱化，城市公共基础设施配套不完善、陈旧，承载城市生活系统功能诉求的压力大，公共设施的品质亦有待提升。

要实现城市生活品质的提升，很重要的一环在于抓细节。加强城市细节的品质建设，我们应该从城市发展的宏观规划视野，一直延续到街道的路灯、座椅乃至垃圾桶的设计，中山路城市公共设施的设计目标应该是一种具有历史文化影像、公共艺术魅力、生活与时空对话的全面设计。

第二，现场调研分析，提出设计思路。

中山路城市有机更新工程之公共设施设计组织了三十多位师生共同参与，前期阶段进行了大量的现场调研，通过对中山路现存的街道景观、商业店铺、公共设施、绿化环境的观察，与城市居民、游客的交往、交通等生活的采访（图4-8），以及对历史纹样、材质、肌理等城市细节的采集等工作（图4-9），围绕着时间痕迹、人文情怀、生活品质、城市细节几个方面提出了设计思路。

我们认为从一块砖到一栋建筑，城市的每一部分都反映着历史的记忆、见证了生活的真实面貌，以彰显时间痕迹的设计方式，通过对传统纹样的现代设计形式转化，巧妙结合特定的历史碎片，最终呈现中山路历史与当下交互的生动关系。同时，这种交互也反映了一种城市动态发展的基本生命规律，是一种真实的当下历史活化设计观念，应使杭州人文山水氛围融入中山路城市公共设施设计之中，把其多元性、生长性的文化特色提炼出来，形成“御、井、铺、漫、荫”等城市公共设施主题意象设计。比如，关于“御”的设计，以独具特色的双环行道灯、宣

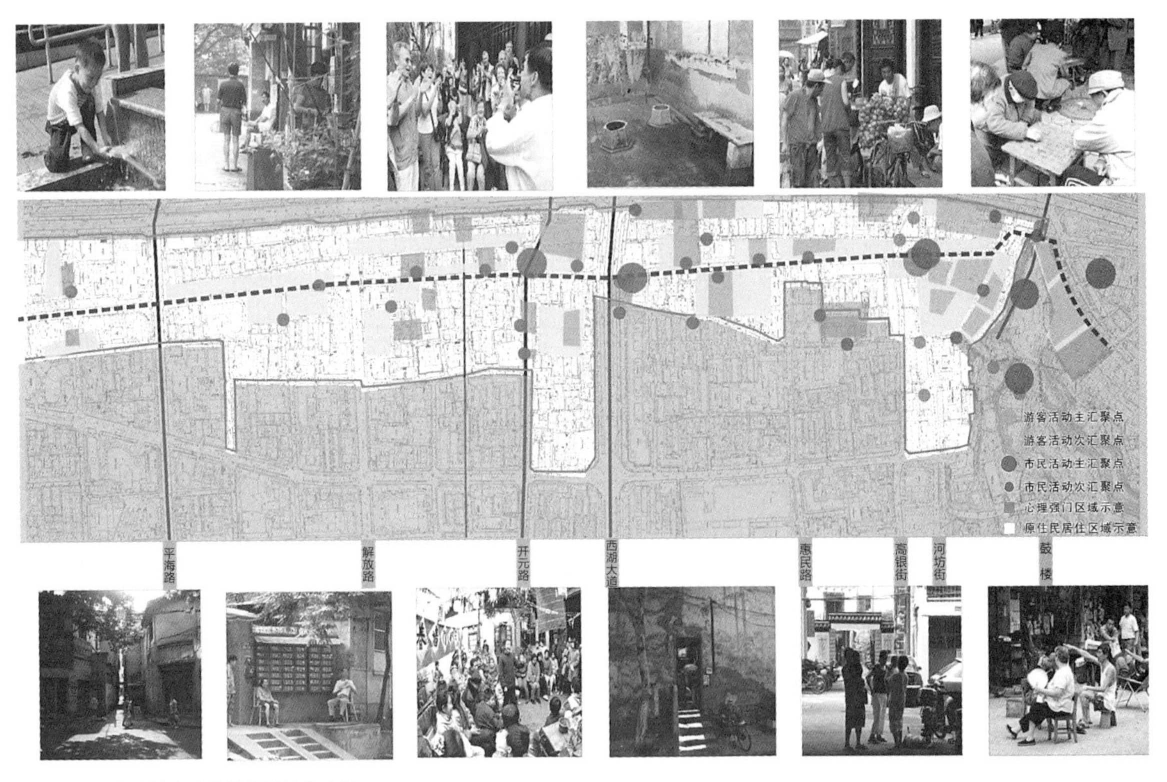


图4-8　中山路城市公共设施设计与生活调研分析

几何放射状纹样

连续纹样

图4-9　中山路城市公共设施设计纹样与肌理采集

传杆等呈现一种造物的新视觉。再如，关于“漫”的设计，以蔓草蜿蜒形态的行人栏、鸟栖枝头的指示牌、落英缤纷的花盆等城市公共设施设计，与城市人们的户外活动共同构成一幅山水诗意“漫”城的画面。

中山路极为丰厚的历史文化资源，为提升中山路的生活特色提供了基础，从传统的博物馆文化到礼仪化、日常化的生活都应该成为街道户外生活的重要组成部分。同时，提升中山路的生活品质，也需要与现代生活方式相适应，否则在新的使用场所中，将失去文化原有的魅力。城市的生活品质是通过细节来反映的，因此，在公共设施设计中，应该更加强调“细节中的细节”这一设计主张，我们不仅要为相对尺度较大的公交车站做好设计，更应为中山路众多的百年老店配上特定的招牌与遮阳篷，乃至为踩在脚下的窨井盖、立在树边的树围等设计渗入杭州精致的文化韵味。

第三，凝练设计语义。

结合前期的设计目标、现场调研、文献考察、设计策略等研究，对城市公共设施展开设计语义的定性描述：

一是意境相合。杭州中山路城市公共设施设计，应以“小桥、流水、人家”的中国式叙事方式，重视物与环境之间的契合关系。

二是文质相宜。在以传统文化为导向的设计中，不能采用生硬的移植手法，应尊重每一件物体的物性特征，通过合适对象的形式转化完成设计创作；且设计的选材、选型应以朴素、大气为主，不宜过于繁复。

三是交叠对话。中山路城市公共设施应充分挖掘今日生活与历史文化的双方向内涵，通过新与旧、实与虚等交叠式设计对话，营造充满魅力的城市生活。

第四，建构中山路城市公共设施系统设计基本框架。

中山路作为一条跨越时间长河的杭州城市文化之脉，其城市公共设施设计不应拘泥于简单追求与某种时代、某种风格的一致性，而应当是通过灵活、综合的手法，使之更具历史的包容性与现代生活的活性要素。

中山路的城市公共设施系统设计，结合现代城市系统功能的需求，把公共设施分为两个类型的设计，即通用类与特色类。其中，通用类是指以城市现代生活主要行为需求为导向的公共设施，如路灯、公交候车

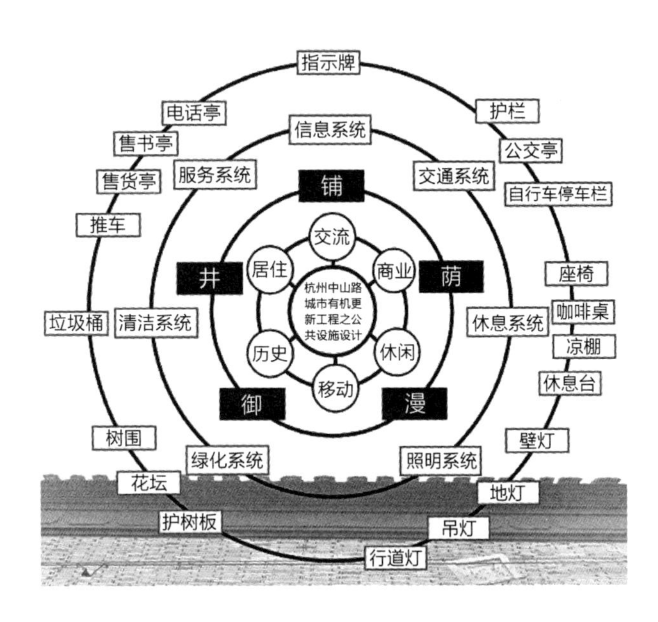


图4-10　中山路城市公共设施系统设计框架

站、座椅、电话亭等；特色类是指以中山路独特的生活气息与内容为导向的公共设施，如绿色指示牌、观影花盆、漫游游览车等。无论是哪一种类型，均应以城市文化为导引，在中山路城市公共设施系统设计框架下，进行设计实践与研究，如图4-10所示。

第五，特色类城市公共设施设计提案。

特色类的设计，主要围绕着中山路城市公共设施“御、井、铺、漫、荫”的主题意象进行。以朴素的调性、历史的语言、新型的时尚为追求，展开充满设计意境的城市家具，包括书卷墨香标示牌、小草悠悠折形凳、花格轿顶电话亭、马鞍新配停车栏、古韵行箱推车、落英缤纷花盆、鸟栖枝头指示牌、蔓草蜿蜒行人栏、梧桐叶影候车亭等。比如，通过《宋盥手观花图》等相关文献的查阅，从中提取蒲扇、宫灯、挂牌的设计语言形态，并结合中山路现有场所空间，构成一组以“御”为主题的设计（图4-11）。

第六，通用类城市公共设施设计提案。

通用类的设计，前后历经了长达两年时间的设计修改、打样、再修改、再打样等工作环节（图4-12），包含政府、建筑、文史、文物、艺术等社会各界人士均积极参与了多轮设计论证，在设计过程中大约出现

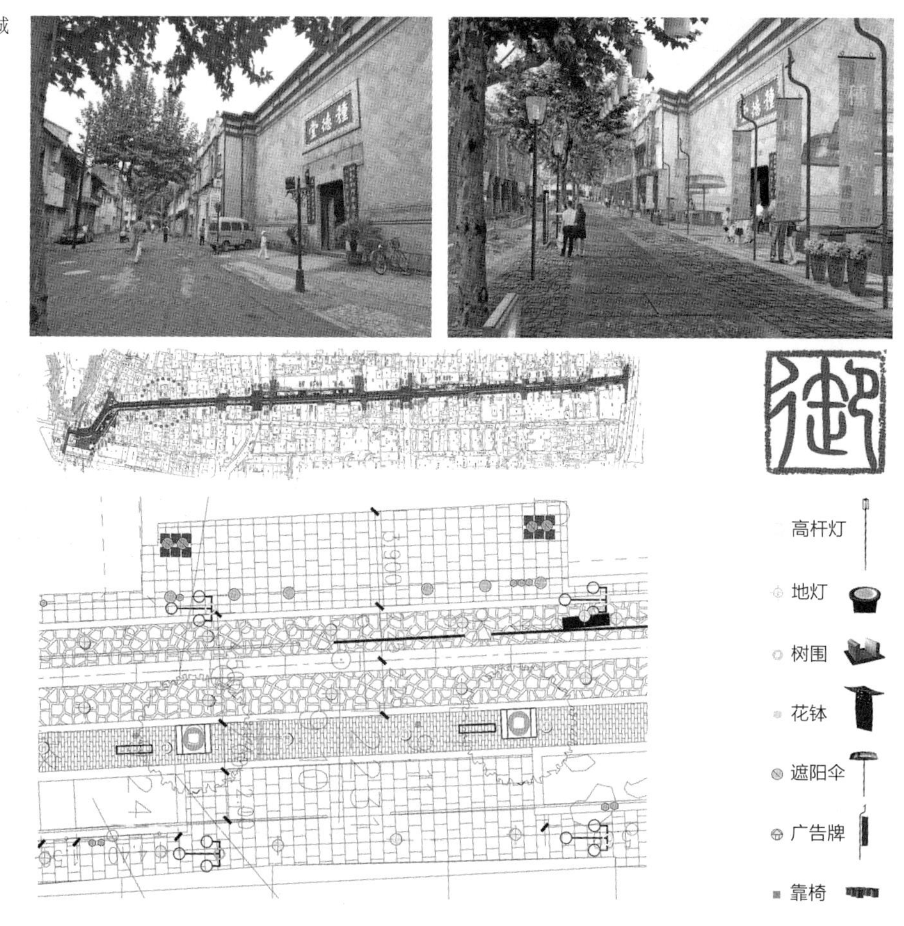


图4-11 中山路“御”主题城市公共设施设计

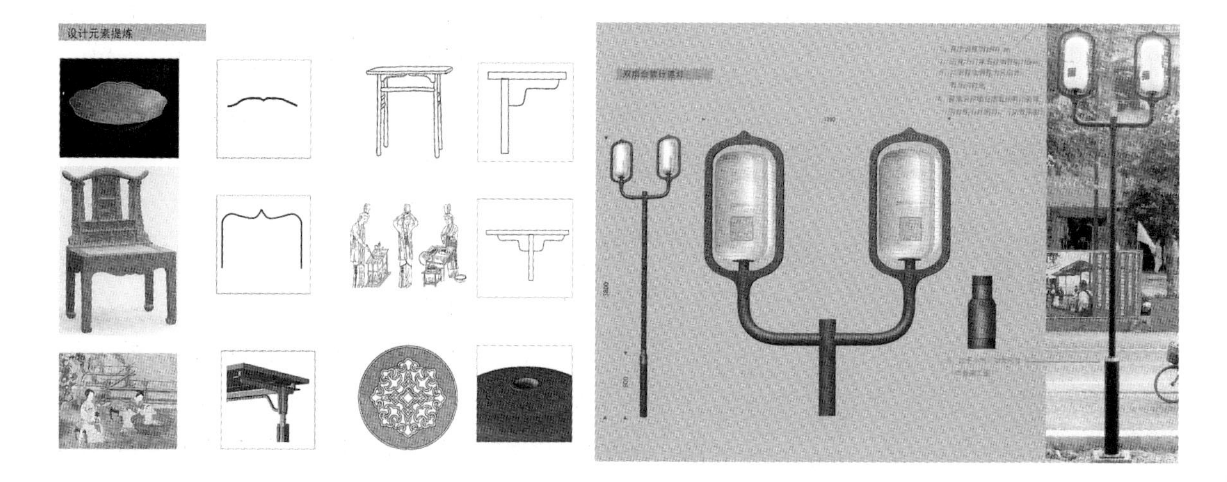


图4-12 明式家具券口牙子形态提取、双扇合璧行道灯

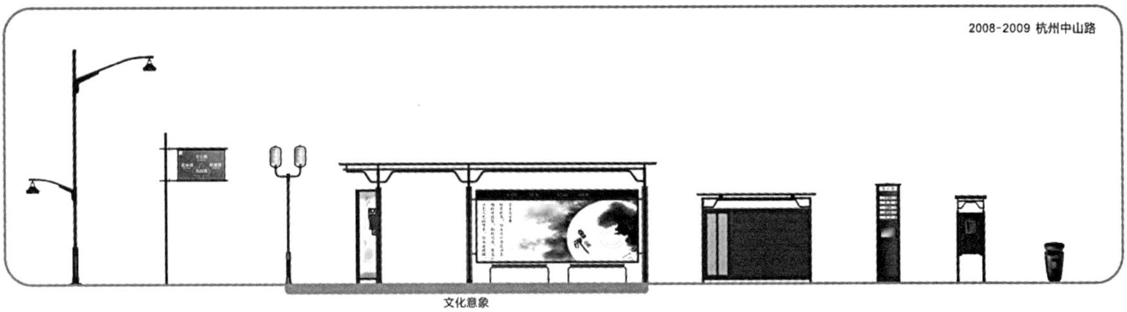

2008-2009 杭州中山路

文化意象

图4-13 杭州中山路城市公共设施系统设计方案

了近百个各种变化程度的设计比较方案，以一点一滴的方式进行设计推敲，可谓高度重视，最终完成了照明系统、交通系统、信息系统、休息系统、服务系统、清洁系统等八个设计定型的实施方案，如图4-13所示。

一个有趣的现象是，今天的杭州城市如延安路、之江东路等街道也出现了原本是专为中山路设计的公交候车亭。笔者以为，一方面令人反思为什么我们研究了很久的专属型设计，会被政府、大众拿来作为共享型设计加以推广应用？究其原因，也许是因为中山路公交候车亭的设计在不断地论证过程中，磨去了原有设计的锋芒，变成更易为大家所接受的一种相对中庸、但具一定经典性的设计。另一方面，这也恰恰回应了中山路城市有机更新初始的设计目标所言："中山路应该和西湖一起成为杭州的名片"。

## 三、加强产品系统种类的梳理

### （一）种类庞杂引发的问题

城市公共设施伴随着城市建设的进程而不断发展，在社会经济、科学技术、生活方式等驱动下，城市规模变得越来越大，其系统功能也变得越来越强，与之相应的是，作为一个变化而开放体系的城市公共设施，其种类也越来越多。几乎在每一个大中型城市的十字路口，均可以看到一幅各种杆件林立的壮观场面，我们不禁要问，真的需要如此之多从地上长出来、各自占地为王的公共设施吗？

造成这种局面的主要原因，大致可分为两个方面：

第一，城市生活系统的确需要这些林林总总的公共设施，以满足今天的生活需求。除了常态化的路灯、公交候车站、书报亭以外，比如华数天线帮助我们更好地收看电视节目、电子警察可以协助管理交通、治安监控对于城市的安全保障来说是一类很有效的公共设施等，尽管看上去内容繁杂，但确实是一个都不能少。

第二，城市公共设施相关行业企业发展的必然趋势。城市公共设施作为一种公共产品，一般的运作模式是：政府提出需要——产品制造企业以投标或委托等方式进入——政府接受企业产品并进行后续的管理运行，同时，企业提供产品的售后服务。[1]在这样的产业链关系下，企业为了中标或者开拓新的市场领域，一方面，在普遍的生产技术水平成熟、产品制造成本基本接近的情况下，必然通过对现有产品的美化，以不断花样翻新的产品款式来增加自身的竞争力；另一方面，由于城市生活需求日益多样化，企业通常会主动迎合这种需求，利用新的技术生产新的产品，而政府也欢迎这种能够解决老百姓生活需求的新产品。于是，城市公共设施的大家庭会不断出现一些新面孔。

事实上，随着城市发展建设与实践探索的不断展开，城市公共设施的种类正在不断增加，如华数天线、电子警察、电子监控、治安监控、联通、网通、电信等一系列新功能置入城市公共设施系统中，加上原有的路灯、标示牌、座椅、信号灯、公共自行车、公共汽车、公交候车亭、书报亭、垃圾桶、电话亭等，从而构成了一个极为庞杂的城市公共设施内容框架。

显然，城市生活的需求是刚性要素，是我们必须要去解决的问题；行业企业发展的需求也是刚性要素，是企业生存的原动力。然而，设计师是没有能力独立解决这个社会性的复杂问题的。那么，解决这个矛盾的重任，只能由政府牵头并承担。

通常，这种协调工作会遭遇各种企业因为激烈的行业竞争所带来的种种障碍。因为，在中国现行的行政体制下，地方政府无法对所有企业起到有效地节制作用。以一个电话亭为例，其主权所属企业是中国电信，而中国电信属于中央企业，并非直属于某个地方政府管辖，这里存在大量的沟通、协调工作。除了某些极具能力、魄力、影响力的地方政府领导以外，从根本上说，要理顺这个矛盾，需要所有参与城市公共设

[1] 刘勇：《城市基础设施经营模式探析》，载于《中国集体经济》，2010年22期，第83-84页。

施系统的政府、企业达成一种共识：城市公共设施是一种公共产品，其社会共用共享的公益性应该由大家共同承担与建设。

（二）杭州“十纵十横”城市公共设施系统设计实践——以复兴路为例

第一，明晰设计背景。

杭州市为建设“生活品质之城”、提升杭州城市形象展开了一系列综合整治工程，如“三口五路”、“背街小巷”、“一纵三横”、“五纵六路”、“庭院改造”、“中山路有机更新”等，“十纵十横”的设计任务便是上述行动的延伸与继续。

于2009年启动的“十纵十横”整治工程涉及范围较广，包含了复兴路、凤凰山路、登云路、潮王路、大关路、开元路、平海路、清泰街、石桥路、古翠路、古墩路、杭大路、浣纱路、建国路、江城路、教工路、南复路、沈半路、中山南路、玉古路等东西向和南北向共计十条路的街道的改造与整治。本书以复兴路为例开展设计分析。

复兴路综合整治工程西起之江路，东至复兴立交，全长约3.1公里。复兴路北边是玉皇山、八卦田，南边是钱塘江，是原复兴街和复兴里街合并而成。在历史上，复兴路所在区域是大运河南端真正意义上的起点，是吴越文化和南越文化的交汇点，也是杭州从“西湖时代”走向“钱塘江时代”不可忽略的重要一环。

第二，形成设计理念。

复兴路整治工程实行以政府为主导的公共设施系统化设计方式，时任杭州市委书记的王国平先生明确指出街道整治改造的几点要求：最高标准、最小干预、最小代价、最少扰民、最佳工程、最大节约。由此，结合杭州城市美学意象以及有机整合的设计理念，通过分类、分级、去杂、合一的工作方法，形成“两杆、两亭、多箱合一+X”的设计基本框架。其中，“两杆”主要指交警杆和路灯杆，“两亭”主要指公交亭和书报亭，“多箱合一”主要指各种配电箱，“X”表示其他无法归入上述几类的公共设施。

第三，展开调研分析与设计对策。

面对种类繁多、关系复杂的城市公共设施系统，设计小组从田野调查、图像取样、数据测算、信息统计，到现状问题的归纳、分析、资料整合、图示呈现，再到城市美学把握，以及技术、功能与工艺落实等，逐一展开工作。

复兴路整治工程的设计调研工作主要围绕“两杆、两亭、多箱合一+X”进行。在复兴路整治工程的设计中，关于“两杆”，首先从交警杆开始，其存在着各种指令杆牌的安放零散随意，各种杆件的形态多样且凌乱，各种线路粗放、外露，既不美观也不安全，各种杆件上的文字、图形、标识等排列、大小不协调等情况。其次以路灯杆为例，存在着单体造型落后、地域特征不明显，灯杆、刀旗穿插结构简陋，且与其他杆件如交警杆等相互独立化。针对复兴路“两杆”的情况，通过模块化设计思路，形成以路灯杆和交警杆两大杆件类系统为代表的城市户外各种杆件，其他诸如治安探头杆、监控杆等均应尽可能与之相统筹结合的两杆系统整合策略，如图4-14所示。

关于“两亭”，首先是书报亭，现有书报亭外观造型过于硬朗、单调，整体尺寸偏大、不够紧凑，色彩与其功能定位不完全契合，布置落位选点与其他城市公共设施的关系欠考虑等；而电话亭则又是另一个系统形成的问题，诸如造型、色彩、工艺等均存在有待改进之处，但从公

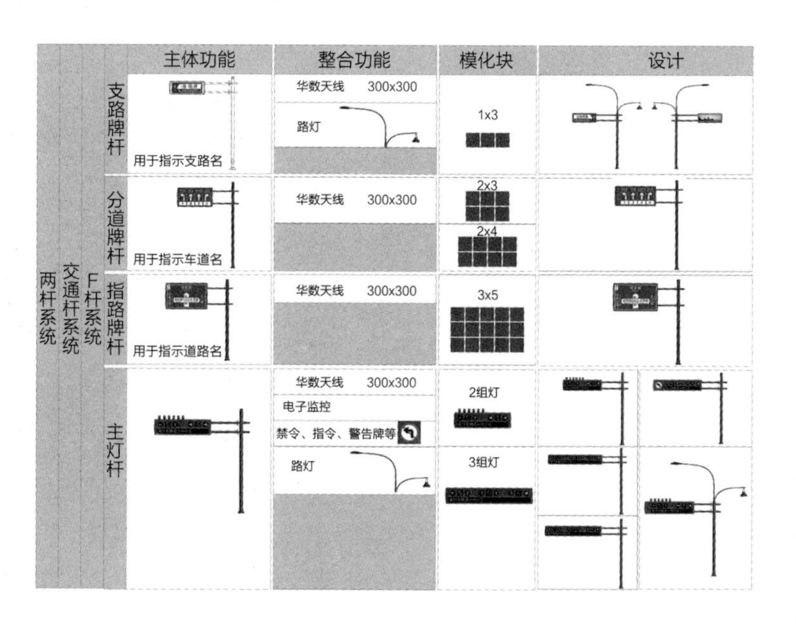


图4-14 杭州复兴路两杆系统整合策略

共设施整体系统考虑出发，最大的问题是其孤立性。再看公交亭，其外观造型与杭州地域文化气息不太吻合，材料以不锈钢为主，色彩比较沉闷，缺乏个性，属于一种可适用于全国范围的格式化的设计。针对复兴路“两亭”的基本情况，提出以公交亭和书报亭两大类型系统为代表的城市户外各种亭子，其他如电话亭等均应尽可能与之相结合的两亭系统的整合策略，图4-15所示。

关于“多箱合一”，相对而言，这个问题在城市公共设施系统中处于不太重要的地位，但实际上各种各样的配电箱在我们的城市街道上随处可见，一样会直接影响城市的细节品质。在复兴路街道上，各种箱体主要是造型以简单的长方体为主，工艺相对简陋，其落位安放基本是各家配电箱按各自的习惯放置，对城市而言，则呈现“东一榔头、西一棒

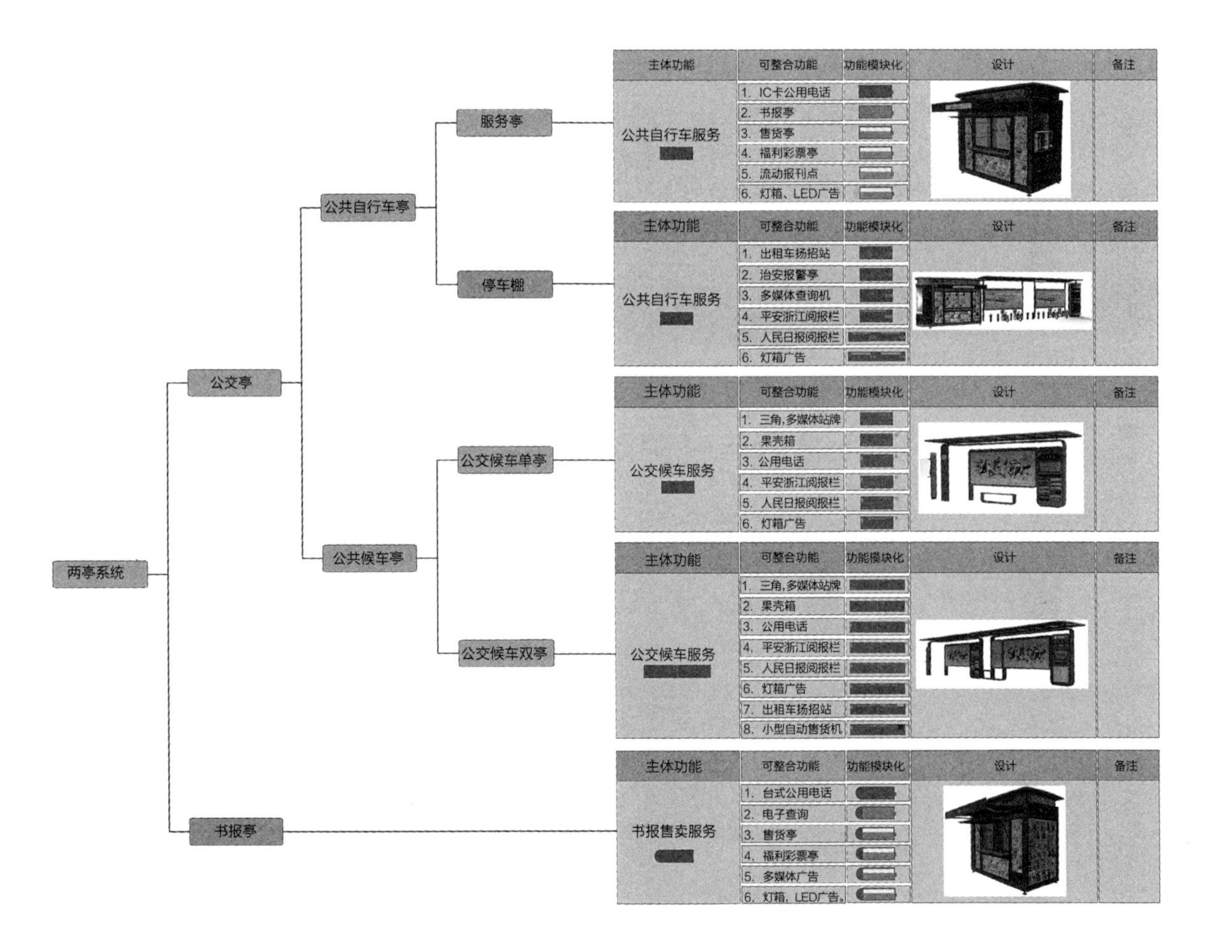


图4-15　杭州复兴路两亭系统整合策略

子”的尴尬局面。针对复兴路“多箱合一”的问题，提出对路灯配电箱以及华数、公安、执法、交警配电箱等应在设施位置、箱体形式等方面进行系统整合策略，如图4-16所示。

第四，设计过程与项目实施。

整个复兴路公共设施系统设计过程，因为涉及全市“十纵十横”二十条道路的推广，设计与实施的情况比单独的一条道路更为复杂，主要体现在两个方面。

一是多类型道路的设计复杂性。事实上，二十条道路的情况差别极大，从道路完成情况看，尚有断头路；从道路基础建设情况看，有的路面下方恰恰有城市基础设施管网；从道路已有的公共设施基本条件看，有的公共设施比较新，有的则相对落后；从道路的基本类型看，有两车道、四车道、六车道不等，一些道路中间还有绿化带等情况；从自然地理条件看，有的地处城市之中，有的如复兴路则处于江海区域范畴，则需要考虑杆件、牌面的抗风安全性等因素。根据上述情况，由于城市公共设施所具有的落地性设计要求，不同的道路条件，应给予不同的适应性设计回答，这便使得以复兴路为例的“十纵十横”整治工程的设计变

图4-16 “多箱合一”系统整合策略

| 型号 | 小型-1 | 小型-2 | 中型-1 | 中型-2 | 大型 |
| --- | --- | --- | --- | --- | --- |
| 尺寸（长、宽、高） | 1000X850X1200mm | 1200X850X1600mm | 1700X850X1600mm | 2000X700X1600mm | 3000X900X1600mm |
| 应用范围 | 华数、公安、执法交警电子警察机箱。 | 交警信号机箱、联通、网通、电信。 | 独立电力机箱专用箱 | 联通、华数、公安等合并机箱。 | 联通、华数、公安、交警等合并机箱。 |
| 容纳数量 | 1 | 1 | 1 | 2 | 3 |
| 广告形式 | 双面或单面 | 双面或单面 | 双面或单面 | 双面或单面 | 双面或单面 |
| 是否灯箱 | 否 | 否 | 是 | 否 | 否 |
| 款式 | 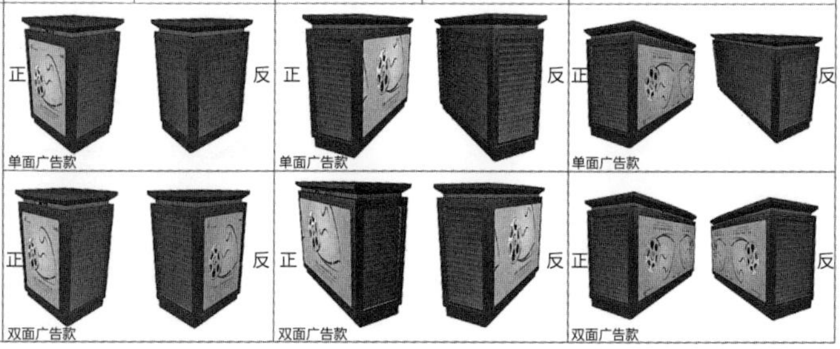 正 反 单面广告款<br>正 反 双面广告款 | | 正 反 单面广告款<br>正 反 双面广告款 | | 正 反 单面广告款<br>正 反 双面广告款 |

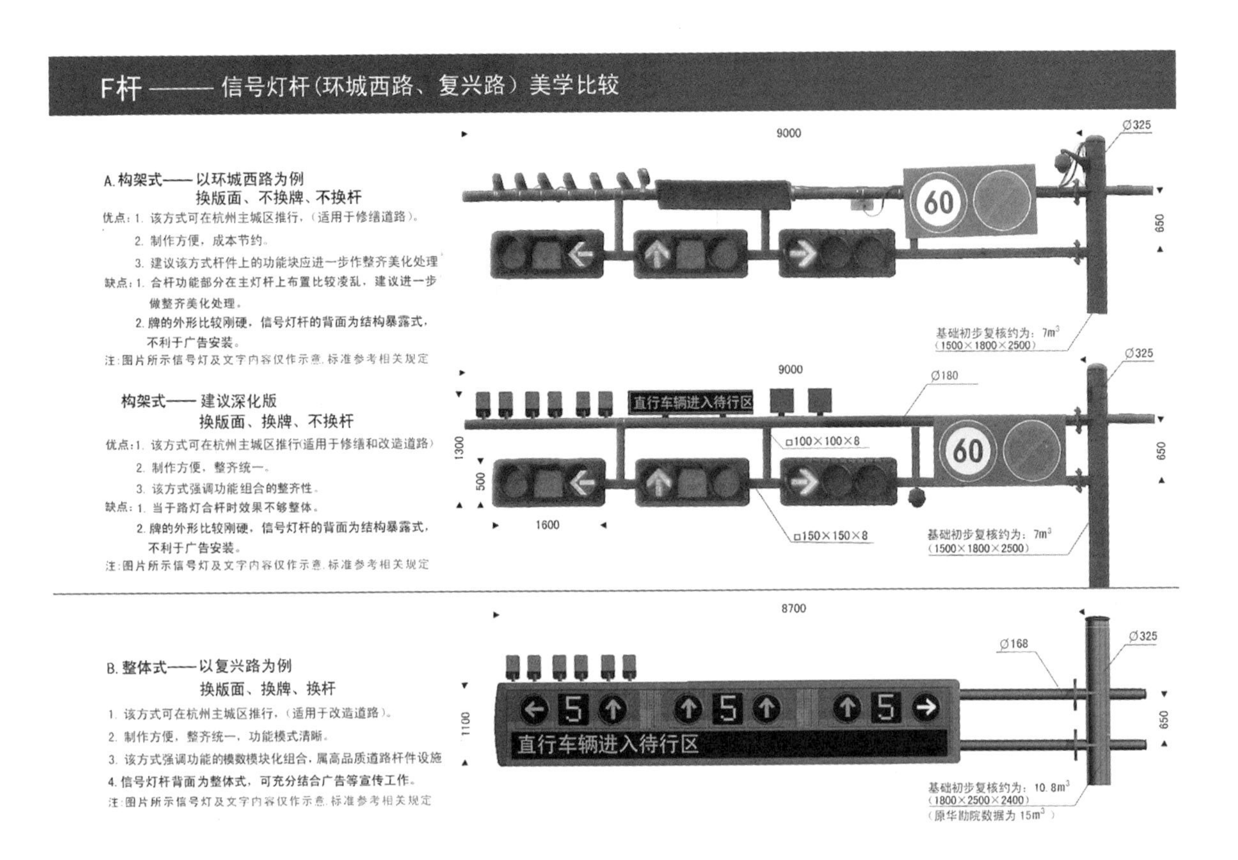


图4-17　杭州环城西路、复兴路信号灯杆（F杆）美学比较

得极为复杂，如图4-17所示。

二是多部门管理的设计协调性。同样，由于复兴路的背后是二十条道路的城市公共设施设计，其设计的影响面比较大，涉及的相关部门比单独的一条道路更多，诸如市建委、市交通警察局、区政府、市公交集团、街道管委会、市电力局、华数集团、市邮政局、市旅委、市城建公司、中国电信、路灯所以及公共设施施工单位、结构设计单位、总体设计单位等。同时，这些相关部门也更为重视本次城市公共设施的设计与实施，这使得设计师必须在很大程度上花大力气在这十几家单位之间周旋，还要试图在复杂的局面中平衡各方的利益关系，以求尽可能保质保量地实现设计。但是，事实再次证明，设计师不可能完全具备独立完成这种工作任务的条件、资本或能力，尤其是这一类以调整、完善为主的城市道路整治工作，如图4-18所示。

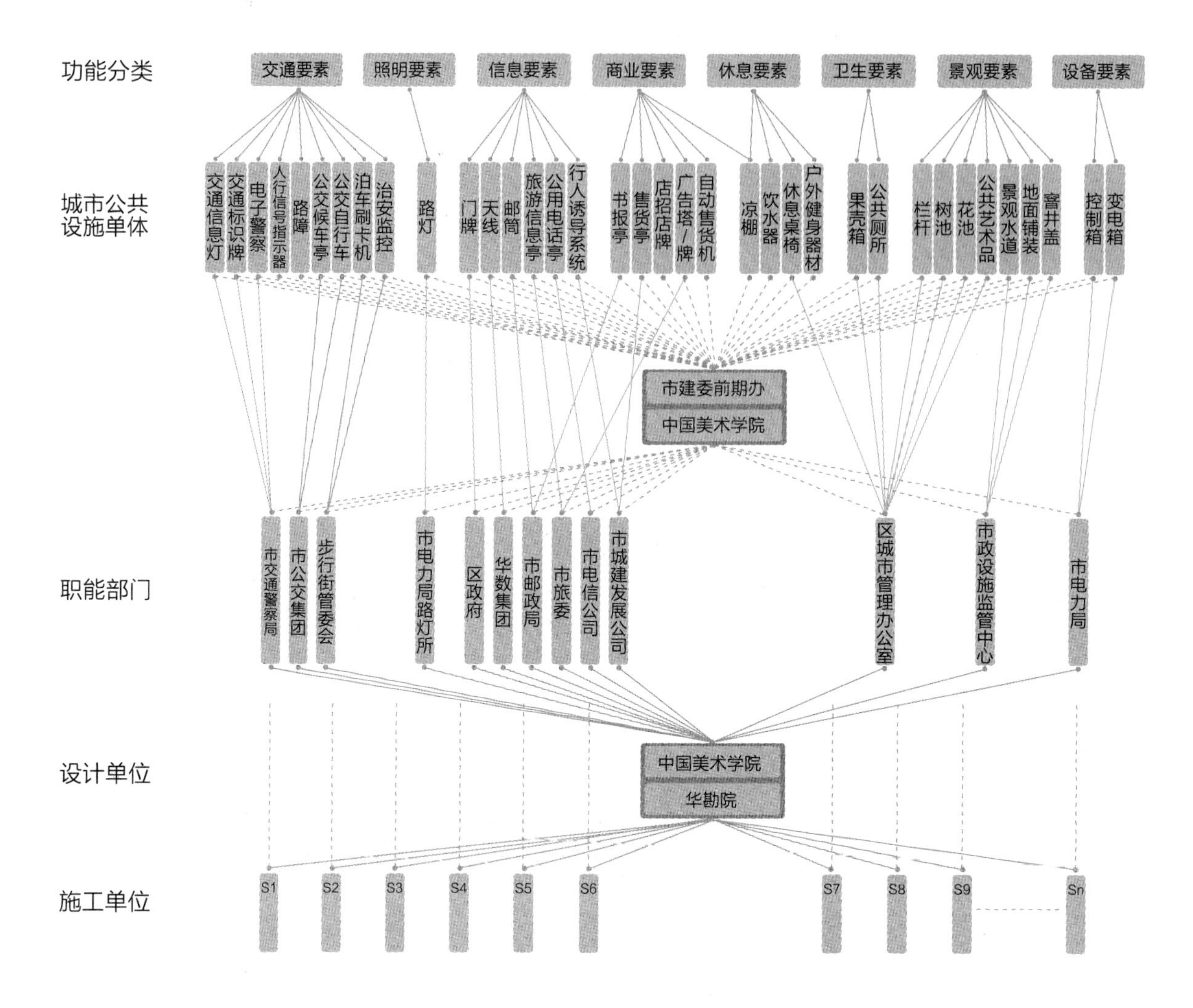


图4-18 城市公共设施设计与政府职能部门、施工单位关系示意图

第五，复兴路公共设施系统设计结果与反思。

复兴路公共设施系统设计的基本定位是城市街道改造的综合整治，正如王国平书记专门强调的“最小代价、最少扰民”，[1]是基于现状的一种调整性、梳理性的设计。所以，就复兴路公共设施系统设计的结果而言，一方面，随着整个设计实施的完成，我们可以看到整条街道的面貌焕然一新，各种功能结构方式相近、形态尺度大小接近的公共设施被相对合理地整合到一起，整条复兴路的城市公共设施在整治后，各种杆件数量从349件变为269件，一共减少了80件，即整合了23%的杆件数量，有效地实现了城市公共设施系统功能优化（具体参见复兴路公共设施系统设计施工布局示意图4-19，以及表4-1～表4-3）。

[1] 2009年12月30日上午，杭州市城管办召开湖滨地区道路修缮工程专题会议落实，杭州市委书记王国平第3907号批示精神，“最小代价、最少扰民、最短工期、最大节约”四项原则。

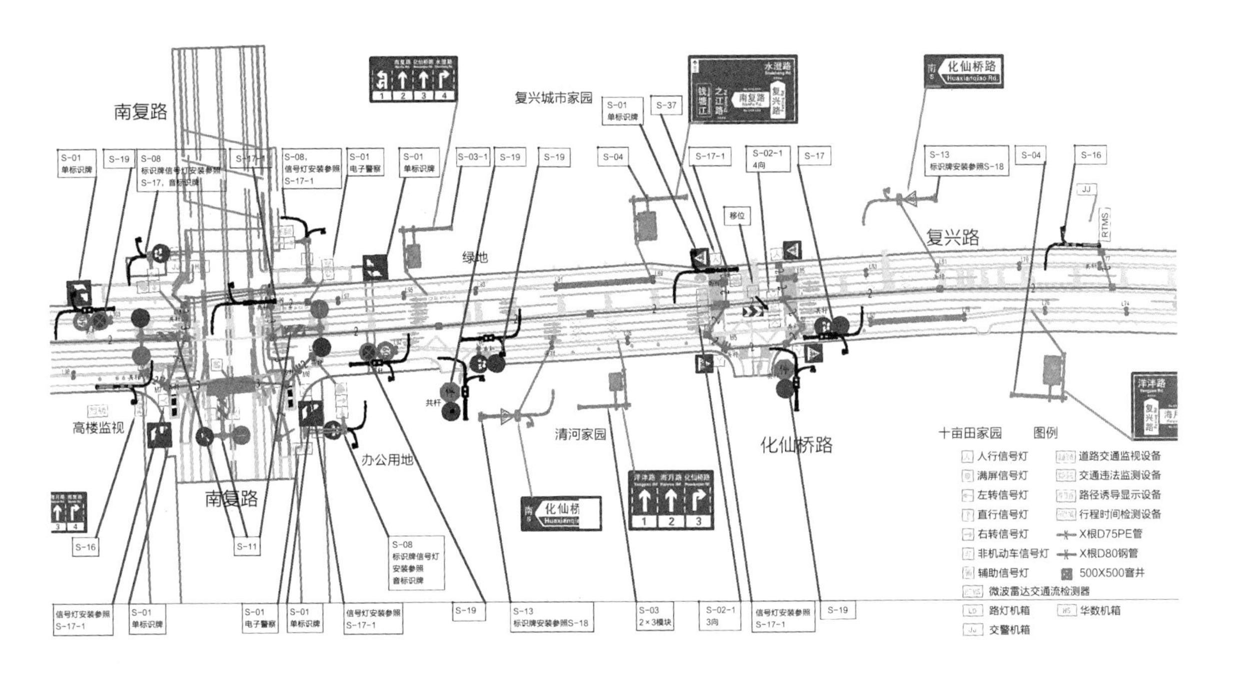


图4-19　复兴路公共设施系统设计施工布局示意图

复兴路两杆合杆类型统计表　表4-1

| 编号 | 数量 | 备注 |
|---|---|---|
| S-01 | 10 | 电子警察 |
| S-01 | 11 | 单标识牌 |
| S-01 | 2 | 双标识牌 |
| S-02 | 26 | |
| S-02-1 | 12 | |
| S-03 | 6 | |
| S-04 | 7 | 2X3模块 |
| S-04 | 6 | 2X4模块 |
| S-06 | 11 | |
| S-07 | 4 | |
| S-08 | 1 | |
| S-10-1 | 4 | |
| S-11 | 7 | |
| S-12 | 13 | |
| S-14 | 1 | 投光灯+监视系统 |
| S-15 | 2 | |
| S-16 | 6 | |
| S-17 | 2 | |
| S-17-1 | 14 | 行人信号灯+杆投光灯 |
| S-17-1 | 9 | |
| S-18 | 10 | |
| S-19 | 31 | |
| S-19-1 | 1 | |
| S-37 | 10 | |
| 总计 | 296 | |

说明

单设路灯杆均参照S-13。

复兴路机箱类型统计表 表4-2

| 类型 | 数量 | 备注 |
| --- | --- | --- |
| 交警机箱 | 15 | |
| 路灯机箱 | 3 | |
| 华数机箱 | 10 | |
| 总计 | 28 | |

说明

除1个位于之江路口的华数机箱外，其余机箱均设置在复兴路北侧绿化带内。

复兴路两杆总数及合杆后总数统计表 表4-3

| 整合前数量 | 349 |
| --- | --- |
| 整合后数量 | 269 |
| 整合数量 | 80 |

另一方面，也因为是整治与梳理，于是诸多的城市公共设施系统问题随着整治工程的实施完成了遮掩，比如公共设施的设计与管理问题。尽管设计者在设计过程中已尽力以类型化、模块化等方法分层次应对、满足各单位的需求，但从根本上讲，无论是系统设计的语言形式，还是系统产品的功能结构，这样的系统设计还是停留在一种表征层的系统设计，是一种被动式应对的设计，并没有对整个城市公共设施系统设计起到更深层、更主动的作用。

## 四、完善区域布局与场所布置

从城市公共设施本体系统设计的角度看，其产品系统具有“产品+场所”的双重特征，这里的场所也可以分为两个层面的场所：城市空间层面，对于一个城市而言，整个城市区域空间都是其公共设施设计的场所；街道空间层面，对于具体的公共设施而言，其所在的街道空间是设计的场所。

在基于城市日常户外生活系统交互界面的公共设施系统设计中，前者除去城市基础设施系统功能的组织布局之外，主要是研究整个城市的公共设施设计的形象系统区域布局，后者主要是研究一种相对微观的“人、事、场、物”生活态的关系，以不同的街道及其场所节点空间类型为主要线索。

（一）基于城市空间层面的公共设施系统形象布局

随着城市化进程的不断发展，在城市化、郊区城市化、逆城市化、再城市化的过程中，一方面，城市的区域不断扩展和延伸，另一方面，也进一步促成了同一城市下不同区域的类型，如老城区、旅游区、工业区、新城区等。[1]

关于城市形象及其公共设施形象的讨论，我们不宜用一种形式去统一，甚至以新的格式去设计所有的城市公共设施，应该尊重城市所具有的复杂、多维、动态发展等特征，在每一个城市主体性形象特征的基础上，针对不同区域的情况进行设计的适应性调整。

在基于城市区域类型的公共设施形象系统区域布局中，我们应努力探求一种功能合理、形象统一的兼有变化的城市公共设施系统设计范式。

以杭州为例，我们从其建城历史的发展看，其城市区域结构一直是依托西湖山水等自然环境逐步演变，是“三面云山一面城”[2]的基本格局。今天的杭州包括杭州市区和富阳、临安、桐庐、建德、淳安等五个县市，本书所提的杭州主要是指杭州市区，按行政区域分为上城、下城、拱墅、西湖、江干、滨江、萧山、余杭等八个区域。如果以单纯的行政区域进行城市公共设施形象系统布局的话，便容易导致八个“小杭州”的出现，也不利于城市形象的系统整体性。所以，我们还是回到城市的地域性，从城市形象类型角度结合杭州传统文化与今日城市的基本情况，把杭州的城市公共设施形象分为“历史沉淀、风景演绎、城市更新、新城发展”四种类型，分别应对不同的区域特征与需求，历史沉淀主要是针对杭州众多的历史文化名胜古迹区域或重要场所节点，风景演绎主要是针对以西湖为代表的风景旅游区域，城市更新主要是针对以老城区为主体的城市区域，新城发展主要是针对伴随着城市扩张出现的各

[1] 高珮义：《城市化发展学原理》，北京：中国财政经济出版社，2009年，第150-152页。
[2] 即西湖东南，西南，西北三面环山，东北开阔的平原为杭州市区。

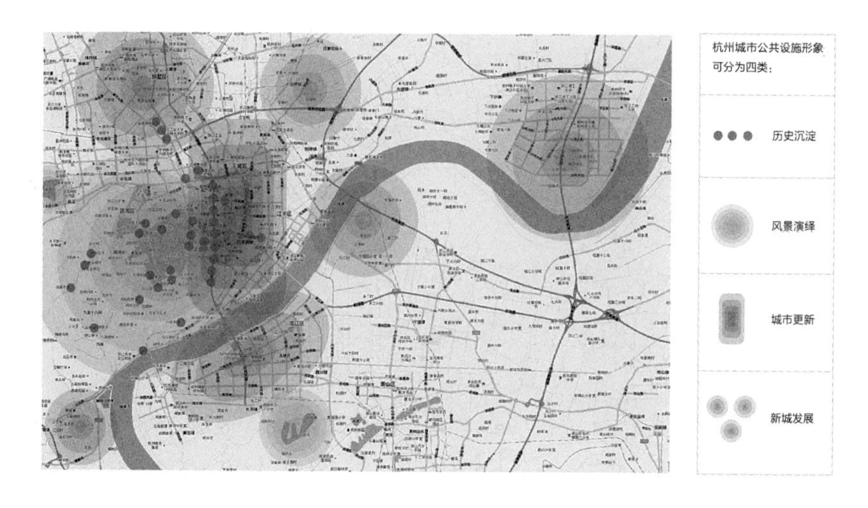


图4-20 杭州城市公共设施形象分类

种城市新中心、新区域，如图4-20所示。

所有的城市都存在传统与现代、旧与新的两个基本面，城市公共设施形象系统设计便由此切入，在城市主体形象的基础上，首先，通过对不同类型区域中传统与现代影响因子比例的控制，以基本确定各区域布局的设计基调。

其次，把公共设施设计的功能、结构、造型、色彩、肌理、尺度等主要内容要素，分为共性设计要素与个性设计要素两类。其中，主要与产品的功能、结构、技术等内容相关的作为共性设计要素，主要与产品的肌理、色彩、风格等内容相关的作为个性设计要素。同时，参照产品系统设计的一般规律，提出共性设计要素约占80%的成分，个性设计要素约占20%的成分，对接下来的公共设施的结构方式、材质、肌理、色彩等具体设计再进行整体的把握，如图4-21所示。

（二）基于街道空间类型的公共设施系统场所布置

关于在城市空间层面进行公共设施形象系统区域布局，属于统筹设计的宏观问题，那么，基于街道空间层面的公共设施系统场所布置，则是设计落地的基础问题。

当然，对大多数的通用性公共设施而言，如路灯、垃圾桶和坐凳等，由于在实际的公共设施建设中已具有相对明确的行业规范、施工标

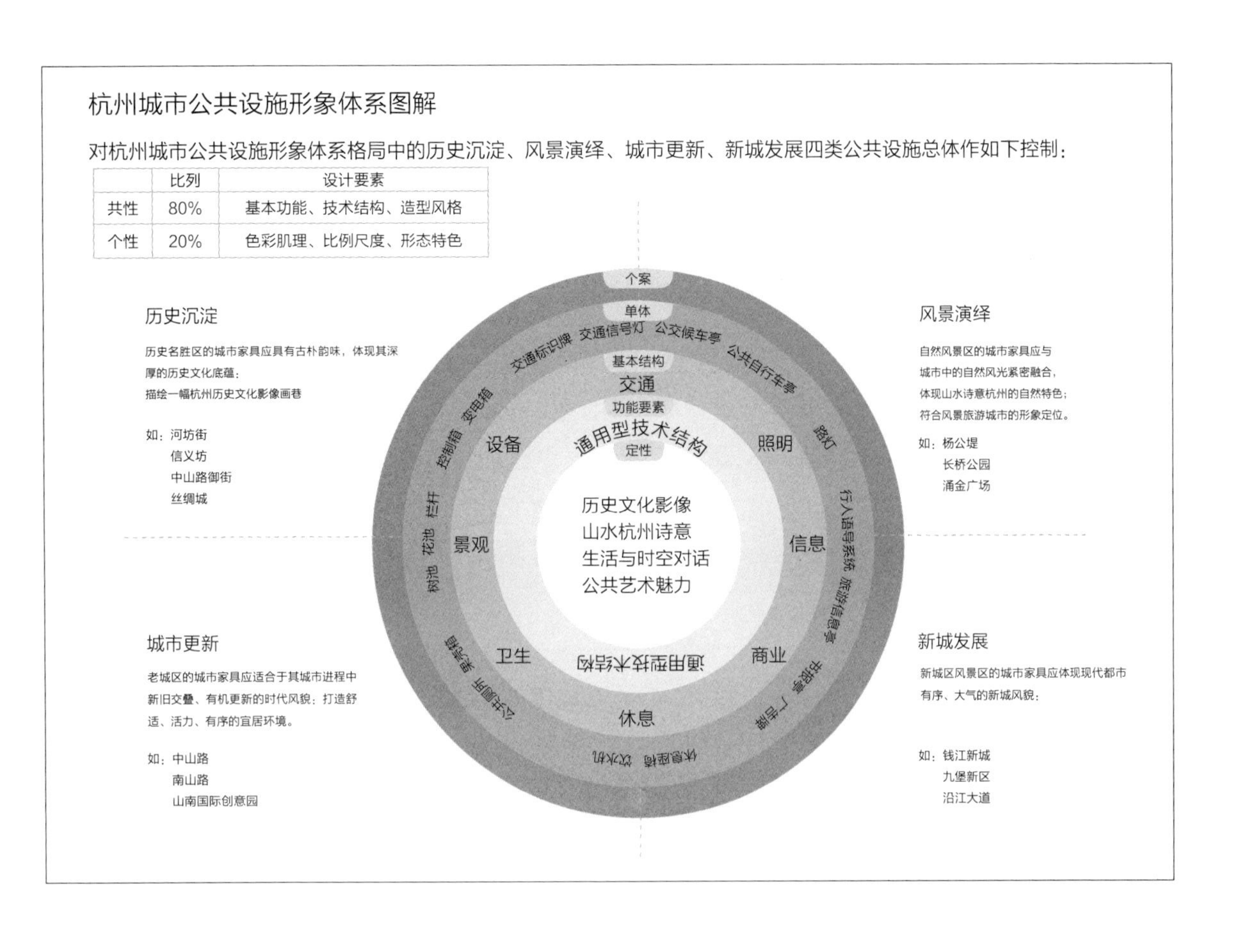


图4-21 杭州城市公共设施形象体系图解

准，诸如城市街道中的路灯设置以30～40米左右一盏为宜等，[1]设计者、施工方等只需按部就班即可，于是，这个问题并不那么凸显。

然而，一是今天的城市公共设施种类层出不穷，原有的设计规范已不能完全满足产品的应用要求；二是现代城市户外生活业态的基本境况并不理想，如城市总体空间尺度正在逐步变大，马路、步行街或广场的内容较为单一化，户外街道的生活趣味单调化，城市人的生活行为快速化等；三是城市生活的需求越来越多样化，按图索骥的方式也很难应对特定区域的设计要求，所以，我们需要回到城市户外生活的街道空间类

[1] 中国建筑科学研究院主编，《城市道路照明设计标准》CJJ45-2006，2007年7月1日实施，第13页。截光型灯具：单侧布置、双侧交错布置、双侧对称布置，间距S≤3H（m）；半截光型灯具：单侧布置、双侧交错布置、双侧对称布置，间距S≤3.5H（m）；非截光型灯具：单侧布置、双侧交错布置、双侧对称布置，间距S≤4H（m）。

型来开展公共设施设计探索。尽管，公共设施本身很难独立解决这种城市户外生活及其背后的成因与问题，但是，我们可以尝试一种更为细腻的设计思考，以促进城市户外生活质量的提升。

一般的城市街道可以分为步行街和普通道路两种基本类型。

在这里，我们以2010年杭州市丝绸城步行街道与山南创意园区道路的城市公共设施设计实践为例，从街道的生活业态出发，把街道空间生活系统进一步细化为：城市人、公共艺术、公共设施、城市绿化、地面导引、都市建筑、生活业态、路网布局等层面。其中，地面导引起着实质性的户外活动行为组织作用，生活业态是人们在户外街道中活动的内容组成，公共设施是实现户外街道活动的重要载体，故以这三个层面作为设计主要关注层面，如图4-22所示。

案例一，杭州市丝绸城步行街道公共设施系统设计实践。

首先，设计师对步行街的国内外案例进行了扫描，国内的步行街包括上海城隍庙、杭州河坊街、桐乡乌镇、厦门鼓浪屿等案例，国外的步行街包括西班牙兰布拉大街、澳大利亚布里斯班皇后商业街等案例（图4-23）。总体而言，国内外的步行街基本都是人流量较大，国内步行街则更显人潮涌动；公共设施，国内与传统文化对接明显，国外更为现

图4-22 城市街道空间生活系统分层示意图

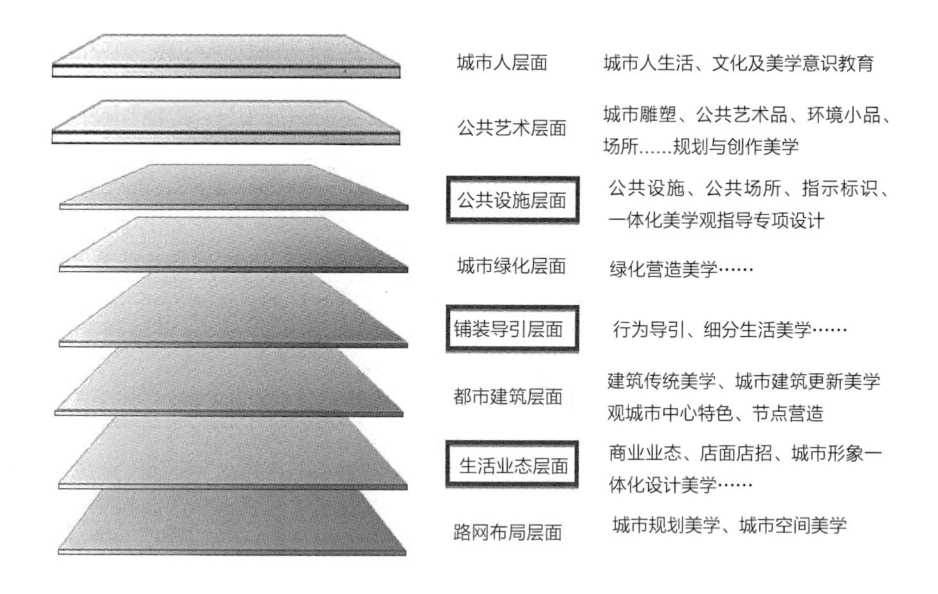

图4-23　国外步行街道设计案例分析

代、系统与精致；地面导引，国内相对丰富，国外则更为理性、冷静；生活业态，则根据各自城市的不同，各取所需、各具特点。

其中，针对本案关注的重点——生活业态层面、地面导引层面、公共设施层面展开了进一步的深化比较：生活业态层面选取了杭州丝绸城、上海城隍庙、纽约第五大道、巴黎香榭丽舍大街等案例比较；地面引导层面主要针对国内外道路铺装与空间组织的需求、功能、技术、评价、效果等不同情况进行了比较；公共设施主要进行了国内外的基本情况比较，笔者重点展开对澳大利亚的国王乔治广场的公共设施设计实录分析，如图4-24、图4-25所示。

其次，针对杭州丝绸城步行街存在的问题，比如现有生活业态的内容构成重复性、相似性较高，丝绸城步行街只出售单一的丝绸产品，缺乏基于生活业态的综合产业链支撑，难以吸引人流长时间停留，难以促成可能的新生活、新消费、新活动，以及公共设施陈旧、铺装层次不清、建筑形态简单复制等，提出对生活业态模型优化的建议。

最后，通过户外街道的商品展示箱、夜间发光地面导引铺装、户外

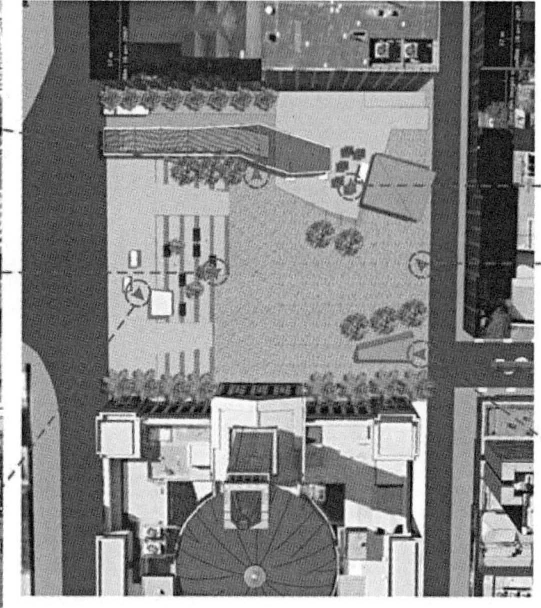

图4-24

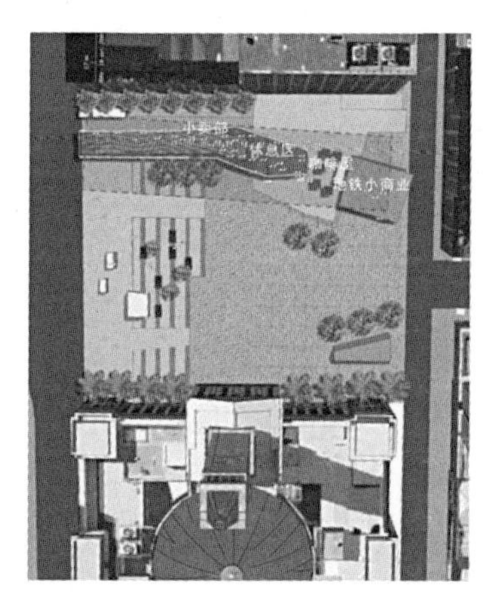

咖啡屋等商业元素的融入为市政广场增添了惬意休闲的一面，台阶上设置了宽大的木座椅和饮水机，供人休息交流。人们从广场上穿流而过，有时放慢脚步购买商品，有时停下来休息片刻，有时坐在阳伞下，享受悠然自得的下午茶。

图4-25

图4-24 澳大利亚乔治广场公共设施设计记录与分析1

图4-25 澳大利亚乔治广场公共设施设计记录与分析2

咖啡座等一系列设计，以及有序化、紧凑度较高的公共设施布置，探求一种户外街道步行街场所区域注重生活业态、功能合理的公共设施系统设计。

案例二，杭州山南创意园区道路公共设施系统设计实践。

这一类道路是城市中最常见的一种道路与空间形态，通过对国内厦门、苏州，国外伦敦牛津街、大阪心斋桥、悉尼皮特街等地的观察，可以看到国内外街道的基本情况接近，只是国外的这些街道更注重系统与细节的设计。比如地面导引，国外的划分具备自行车车道区、建筑边界区等鲜明的功能特性，人们也习惯于按照城市户外的空间规则行走、行车，而国内街道的地面铺装，在很多时候人们仅仅把它当作一种铺装、一种纹样，哪怕专门设置了盲道，也往往是不能贯通的，演变成了一种新的装饰，而非城市户外街道空间的一种行为的共同约定，如图4-26所示。

本案以户外街道空间的地面导引为基础，梳理细化街道公共设施系统设计，结合山南创意园区道路的形象特征，以及一般的公共设施布置规范和要求，完成最终的设计实践。

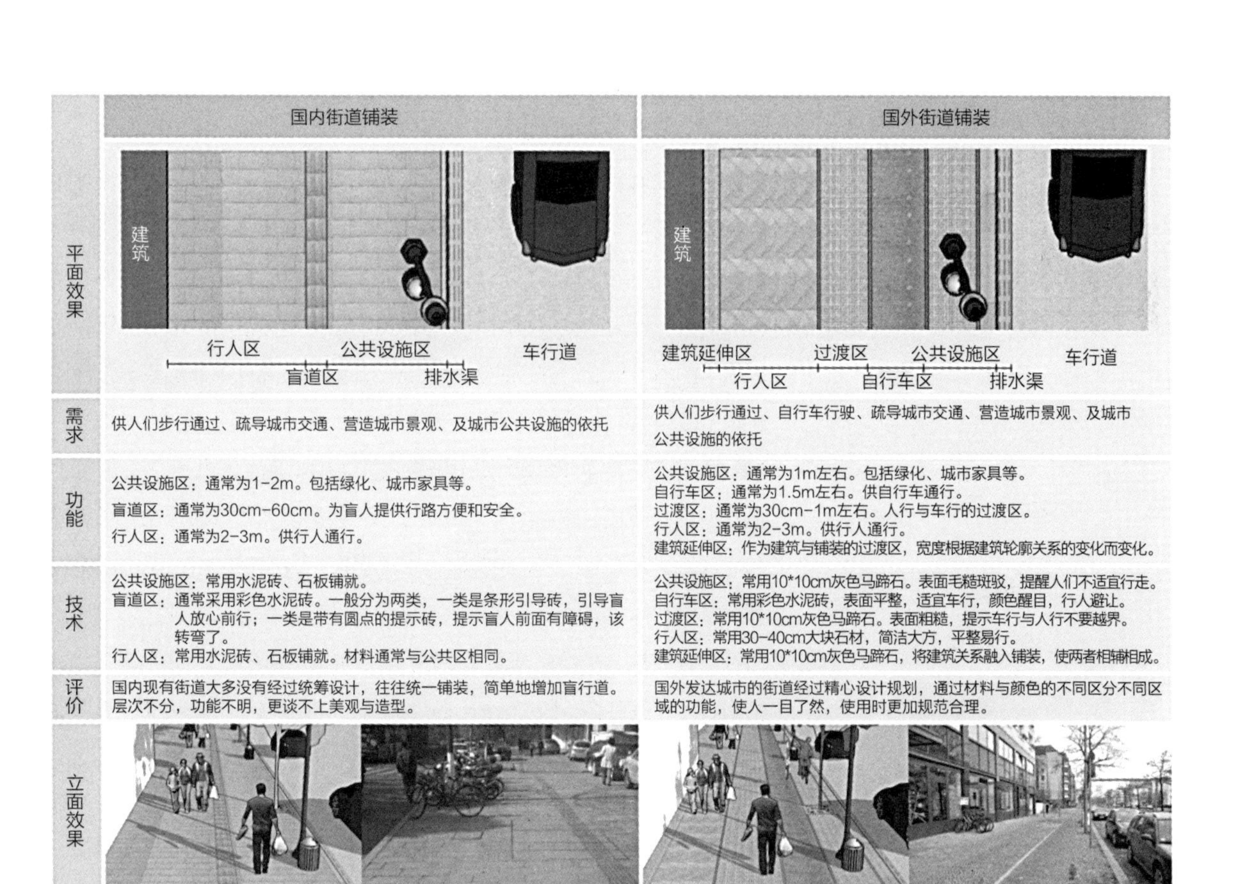

| | 国内街道铺装 | 国外街道铺装 |
| --- | --- | --- |
| 平面效果 | 建筑<br>行人区　盲道区　公共设施区　排水渠　车行道 | 建筑<br>建筑延伸区　行人区　过渡区　自行车区　公共设施区　排水渠　车行道 |
| 需求 | 供人们步行通过、疏导城市交通、营造城市景观、及城市公共设施的依托 | 供人们步行通过、自行车行驶、疏导城市交通、营造城市景观、及城市公共设施的依托 |
| 功能 | 公共设施区：通常为1-2m。包括绿化、城市家具等。<br>盲道区：通常为30cm-60cm。为盲人提供行路方便和安全。<br>行人区：通常为2-3m。供行人通行。 | 公共设施区：通常为1m左右。包括绿化、城市家具等。<br>自行车区：通常为1.5m左右。供自行车通行。<br>过渡区：通常为30cm-1m左右。人行与车行的过渡区。<br>行人区：通常为2-3m。供行人通行。<br>建筑延伸区：作为建筑与铺装的过渡区，宽度根据建筑轮廓关系的变化而变化。 |
| 技术 | 公共设施区：常用水泥砖、石板铺就。<br>盲道区：通常采用彩色水泥砖。一般分为两类，一类是条形引导砖，引导盲人放心前行；一类是带有圆点的提示砖，提示盲人前面有障碍，该转弯了。<br>行人区：常用水泥砖、石板铺就。材料通常与公共区相同。 | 公共设施区：常用10*10cm灰色马蹄石。表面毛糙斑驳，提醒人们不适宜行走。<br>自行车区：常用彩色水泥砖，表面平整，适宜车行，颜色醒目，行人避让。<br>过渡区：常用10*10cm灰色马蹄石。表面粗糙，提示车行与人行不要越界。<br>行人区：常用30-40cm大块石材，简洁大方，平整易行。<br>建筑延伸区：常用10*10cm灰色马蹄石，将建筑关系融入铺装，使两者相辅相成。 |
| 评价 | 国内现有街道大多没有经过统筹设计，往往统一铺装，简单地增加盲行道。层次不分，功能不明，更谈不上美观与造型。 | 国外发达城市的街道经过精心设计规划，通过材料与颜色的不同区分不同区域的功能，使人一目了然，使用时更加规范合理。 |
| 立面效果 | | |

图4-26　国内外典型道路铺装比较分析

# 第二节　城市公共设施外延系统设计实验

## 一、项目与外延系统

### （一）项目与项目系统

在城市公共设施本体系统中，产品成为表征层设计研究的重要载体，围绕着产品的形式、功能及其在场所中的设计应用，开展了一系列的公共设施系统设计体系深化研究与设计实践活动。那么，城市公共设施外延系统设计关注的是支撑公共设施在城市中出现并正常发挥作用的生成系统问题，既涉及产品从何而来，即与企业的生产与制造相关的范畴，也涉及产品如何能合理运行，即与城市公共服务运行、经营与管理等相关的范畴。

这意味着我们从狭义的设计迈入了广义的设计，从以艺术与设计为主的领域跨越到产业、经济与管理等相关领域。显然，在这种视野下，基于艺术与设计语境下的产品本身已不完全适合作为设计研究的核心载体。同时，也为了使得在本系统中的讨论层次更为清晰，本书借用源自管理学的项目概念，并以此为切入点展开城市公共设施外延系统设计深化与实践研究。

项目一词最早于20世纪50年代在汉语中出现（对共产主义国家的援外项目）。[1]项目管理的理念诞生于第二次世界大战后期，在系统工程和优选法这两大理论体系的基础上发展起来。[2]1942年6月，美国陆军部开始实施利用核裂变反应来研制原子弹的计划，称为曼哈顿计划（亦译作曼哈顿工程、曼哈顿项目）。关于项目有多种解释，比如，美国权威机构项目管理协会（PMI，Project Management Institute）认为，“项

---

❶ 陆红：《项目管理》，北京：机械工业出版社，2009年7月。（美）科兹纳：《项目管理》，杨爱华译，北京：电子工业出版社，2010年6月。

❷《辞海》，项目管理，第4331页。

目是一种被承办的旨在创造某种独特产品或服务的临时性任务。”[1]再如，德国国家标准DIN69901认为：“项目是指在总体上符合如下条件的唯一性任务：具有预定的目标，具有时间、财务、人力和其他限制条件，具有专门的组织”。

总体而言，项目可大可小、比较宽泛，主要侧重于事情的过程，具有动态性、经济性和综合性。项目是一件事情、一项任务，也可以理解为是在一定的时间和一定的预算内所要达到的预期目的。比如，我们可以把一项新产品的开发视为项目，但不应把新产品本身称为项目。

这里所提的项目概念，主要是指大设计观念下从产品设计到生产制造、运行管理的项目系统，而非完全意义上的工业工程、经济管理等领域中的概念。对基于城市公共设施生成层的外延系统设计研究而言，项目系统可以成为产品设计、生产制造与运营管理之间的一种载体介质系统。

在这一类设计中，由于提供产品的生产制造企业的重要介入，也由于提供公共服务的项目运作企业或政府部门的主体参与，设计的定位发生了转向，由表征层以城市文化为导向的产品功能、形式与场所的设计，转向生成层以生产效率、服务效率为导向的产品族设计、运营管理关联设计。

此时，政府的功能不再是表征层涵义上的整治、协调、安排、落实等常态性管理，而是一种指向城市文化、经济、产业统筹发展等建设性经营。对于项目而言，经营与管理在词义上存在明显的差别，经营侧重指向项目动态性谋划发展的内涵特征，而管理则侧重指向项目能够正常合理地运转的基本工作。在这个意义上说，我们也可以把政府视为一种具有特殊使命的大型公有企业。

由此，城市公共设施项目趋向一种更为复杂的、跨界的设计竞争类型，其相关设计目标、内容要素、评价导向将带领设计走向更为广阔的空间。

（二）关于外延系统设计的思考

事实上，在日常工作中，我们一般遭遇的也都是以项目为名的任

[1]（美）美国项目管理协会（PMI，Project Management Institute）:《项目管理知识体系》，北京：电子工业出版社，2009年4月，第5页。

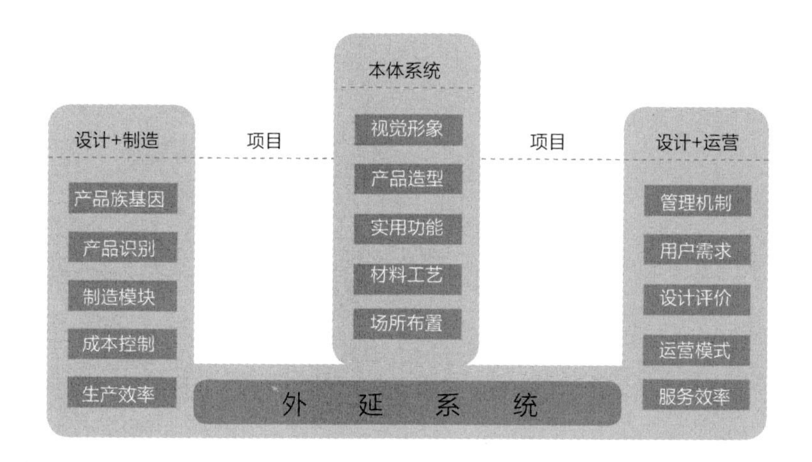


图4-27 城市公共设施外延系统设计主要内容框架

务、课题，以项目委托、项目竞标或课题申报等方式进行。对于项目的发布方而言，需要的是一个结果，而这个结果往往需要由众多的专业类型来支撑；换句话说，你是属于什么专业并不重要，重要的是你能给出什么样的结果。这里存在一个设计价值在深度上的挖掘工作，以增加在项目竞争中获胜的可能性，以及设计解决问题的说服力。

因此，我们在城市公共设施本体系统的基础上，并以其作为中点，思考项目左、右方向所存在的现实需求与设计的价值机会，进而构成城市公共设施外延系统设计主要内容框架，如图4-27所示。

向左看，从产品本体向生产制造环节延伸进行观察。站在国家政府职能布局的视野，以产品开发为己任的工业设计，通常被纳入经济和信息化委员会下属的生产服务处；在科技部的划分中，也把工业设计作为高新技术服务业的范畴，二者均表示出工业设计应该为更好的生产制造提供相关的设计与技术服务。于是，从企业生产出发的诸如批量化、制造模块、标准化、成本控制和生产效率等技术要求，便成为设计的重要导向。其中，结合城市文化、城市品牌的需求，汇集上述诸要求，面向大批量个性化定制的产品族设计成为一种有效的系统设计方式。

向右看，从产品本体向市场运行环节延伸进行观察。概而言之，城市公共设施系统设计与城市运营管理相关的主要有两个方面的问题：一是城市公共设施运行管理更合理完善，这主要是城市管理机制创新的问题；二是城市公共服务更有成效，这主要是城市服务内容与运营创新的问题。于是，从城市发展运行管理出发的诸如管理机制、用户需求、设计评价、运营模式与服务效率等要求，便成为设计的重要导向。这也与当下比较热门的设计管理、服务设计等息息相关，对城市公共设施设计而言，我们也可以称之为一种面向城市运营管理的产品系统设计。

## 二、面向大批量个性化定制的产品族设计

### （一）从城市品牌、企业品牌到产品族

一方面，当城市经济水平发展到一定阶段，以城市营销为手段的城市品牌开始出现并体现价值，同时，也对从城市文化出发的城市形象包括城市公共设施形象提出了系统化要求，诸如地域性特征、形式语言、材料肌理、色彩标识，以及设计共性要素与个性要素的整体控制等，这在实质上对公共设施设计提出了从城市形象到产品制造的全面的系统要求。如果我们并不满足于针对现有产品及其系统的整治、协调、美化、改良等设计策略，采用诸如两杆两亭、多箱合一等被动应对的设计方式，那么就应该对城市公共设施的产品本身重新进行系统化设计，以可能形成诸如产品的基因解构、多杆合一、模块组合乃至可持续式扩展、维护等更为主动、更有效率的设计方式。

另一方面，几乎所有的现代企业都希望通过其产品打造自己的企业品牌，这是因为在现代商业社会中，品牌被视为企业竞争的“摇钱树”。世界著名的可口可乐（图4-28）公司总裁曾骄傲地说：“即使全世界的可口可乐工厂在一夜之间被烧毁，他也可以在第二天让所有的工厂得到

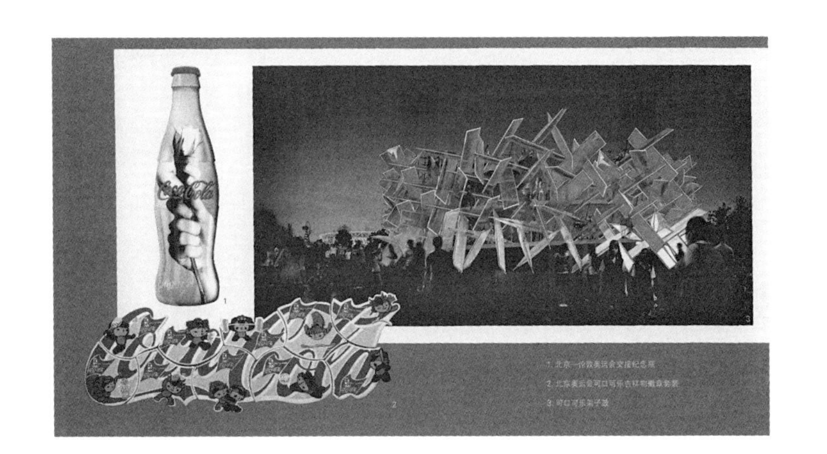

图4-28　可口可乐品牌及其纪念瓶、徽章、架子鼓（周志：《可口可乐与奥运》，载于《装饰》，2012年07期，第19页。）

重建”，这就是品牌的价值与力量。

按照通常的说法，“品牌”一词起源于斯堪的纳维亚语“Brandr”，意思是“烧灼”。人们用这种方式标记家畜等需要与其他人相区别的私有财产，到了中世纪的欧洲，手工艺匠人用这种打烙印的方法在自己的手工艺品上烙下标记，以便顾客识别产品的产地和生产者，成为最初的品牌商标雏形。❶

品牌不仅仅是一个标识，其核心价值是通过其产品来体现的。换句话说，产品是品牌的核心代表，正如人们认识苹果品牌是因为IPONE手机、记住宝马品牌是通过宝马汽车一样。

然而，品牌不是通过一件产品就可以形成的，人们印象中所谓的“宝马”，其实指的是那一辆辆形象鲜明的宝马汽车，是通过宝马1系、3系、5系、7系，以及X系、M系等整个产品族来形成“宝马”品牌概念的认知。产品族可以认为是企业在较长时间发展后出现相似性、继承性、稳定性的一系列新旧产品群体，再如佳能品牌及其相机产品族（图4-29）。在现代商业竞争中，这是一个重要的企业竞争秘诀。

总体来说，中国的制造业发展历史还较为短暂，与这些世界名牌还有着极大的差距，而与城市公共设施制造相关的中国企业则更为弱小，但是，我们可以吸纳品牌竞争中的产品族设计技术因素，以帮助企业快速、系统的成长。

从机械工程学科角度来看，产品族是以产品平台为基础，通过共享通用技术并定位于一系列相关联的市场应用的一组产品。❷产品族设计是大规模定制中的核心内容，以低成本和快速开发周期满足客户的个性化需求。❸这个概念主要是基于技术功能主义下的产品族设计，但是，品牌本身绝非纯技术的问题，还涉及文化、美学等内容，所以，从工业设计角度看，产品族的概念中还应该包括企业文化、构造风格、色彩、纹样、产品语义等个性因素。

---

❶ 余明阳、刘春章：《品牌危机管理》，武汉：武汉大学出版社，2008年6月1日，第3页。

❷ Meyer M.H，Lehnerd A.P，*The power of product platforms: Building value and cost leadership*，The Free Press，New York Moriarty D.E. 1997.

❸ Erens F，Verhulst K，Architecture for product families，Computer in industry，1997，33（2），165-178.

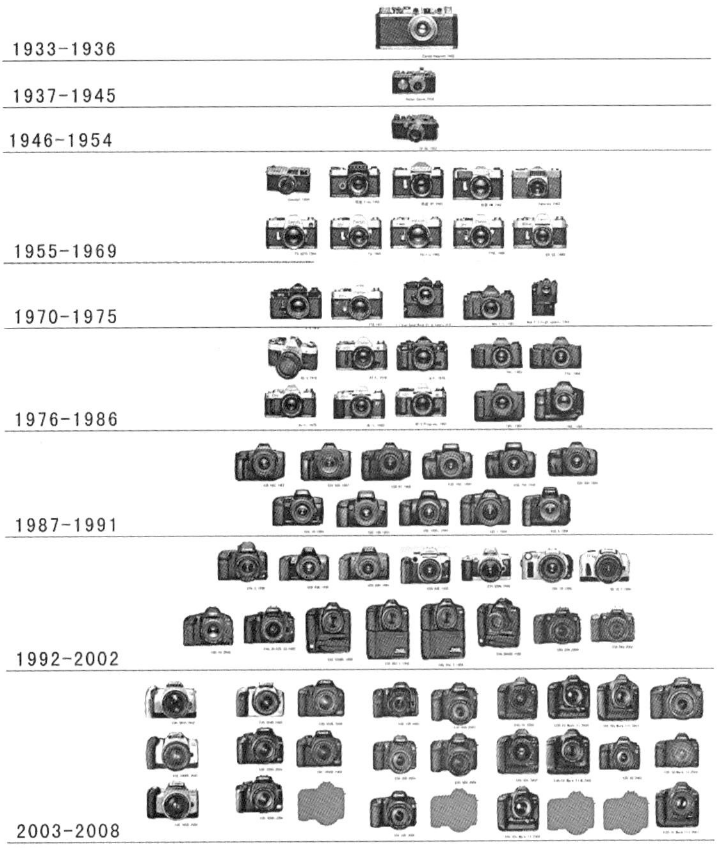

1933-1936
1937-1945
1946-1954
1955-1969
1970-1975
1976-1986
1987-1991
1992-2002
2003-2008

图4-29　佳能品牌及其相机产品族

事实上，城市公共设施正是一种典型的大批量、个性化定制产品，于此，城市品牌与企业品牌通过产品族设计可以形成一种新的双方关系。我们也可以说城市公共设施是一种具有双品牌属性的公共产品，是以城市品牌为导向、以企业品牌为基础的大批量、个性化定制式公共产品。当然，这需要城市、企业双方的不断沟通、磨合与调整，最终实现政府与企业的共同成长。

（二）产品族基因与产品识别

在品牌的总体导向下，为了更科学合理地控制产品生产制造、成本与效率，产品族设计对产品与产品之间、每一个产品的零部件进行系统化设计，由此形成产品族基因、产品识别到产品开发的设计系统。

基因是生物学、医学领域的概念。基因是遗传的物质基础，是DNA或RNA分子上具有遗传信息的特定核苷酸序列。人类大约有几万个基因，储存着生命孕育、生长、凋亡过程的全部信息，通过复制、表达、修复，完成生命繁衍、细胞分裂和蛋白质合成等重要生理过程。[1]一般来说，产品的开发设计也是一个有机更新、反复迭代、不断演进的过程，上下代之间产品演进的相似程度取决于更新换代的剧烈度。

产品族基因的基本设计思路，就是将基因的相似性、结构性和继承性等思路引入到产品的内在延续和变异设计系统，通过产品与产品，以及产品的部件、零件、元件等层次结构进行系统衍化，建立基于产品族基因特征的要素体系，为产品识别与产品开发设计提供支撑。

而产品识别的设计是企业以品牌理念和价值观为核心，整合各项相关要素，有意识、有计划地通过产品设计手段向用户或公众传达产品特定个性的系统设计方法。事实上，从城市文化、城市形象到公共设施设计语言的形式、结构、材料、肌理、色彩、标识等一系列设计实践与研究，均已显示出：在产品识别这一点上，公共产品与一般产品的设计思路、基本内容是一致的。

由此，我们也可以说产品识别是产品族基因的外显和表征，产品族基因是产品识别的内隐和深化，两者相互影响、互为一体，共同构成产品族设计系统结构（图4-30）。

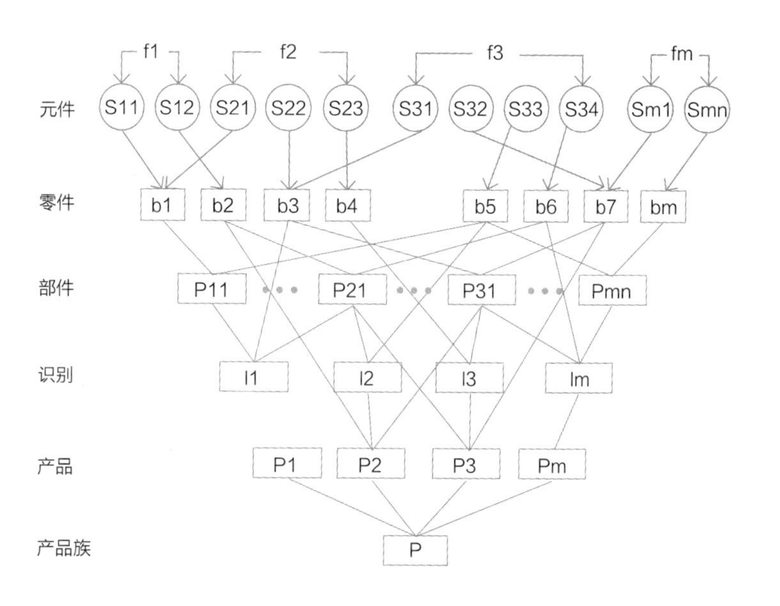


图4-30 产品族设计系统结构图

[1] 吴乃虎：《基因工程原理第二版（上册）》，北京：科学出版社，1998年，第1页。

图4-31　苏泊尔部件产品族设计

图4-32　产品族设计系统图解示意

在产品族设计系统结构示意图中，P表示产品族；P1，P2…Pm，表示系列产品；l1，l2…lm，表示系列产品识别；P11…P21，…Pmn，表示各种部件；b1，b2…bm表示各种零件；S11、S12…Smn，表示各种元件；f1、f2…fm，表示各种关联元件。本图表示在产品从元件、零件到部件的组合成型过程中，产品识别对零件、部件以及产品均起到关联性影响作用，最终，通过各种系列产品构成产品族。

对于产品族设计而言，产品族基因存在显性和隐性两方面的因素，在产品系统设计及产品识别过程中，这两者都应纳入设计考虑范围。产品族基因的显性因素是指产品的内部和外部的物质构成，包括从元件、零件、部件到产品造型、色彩、材质、肌理、图形乃至音像等；隐性因素则是指与产品相关的品牌文化、核心理念、生活习惯、用户体验等。

目前，国内企业经过多年探索，逐步接受了这种有利于提升企业、品牌、生产、制造、产品等整体竞争力的方法，形成了一种相对广泛的实际应用，取得了较为明显的实际成效。例如，笔者在与浙江苏泊尔股份有限公司进行的合作项目（电压力锅系列产品开发）中，双方都尤为重视关于产品族设计的要点，诸如与产品构造风格相关的部件设计，这包括形体、底座、控制面板、壶嘴、可移动的盖、带转轴的盖、挂孔、通风孔形态、排水孔形态、气阀等（图4-31），并利用一张围绕品牌核心价值的产品族设计系统图解（图4-32），帮助项目的所有参与人员快



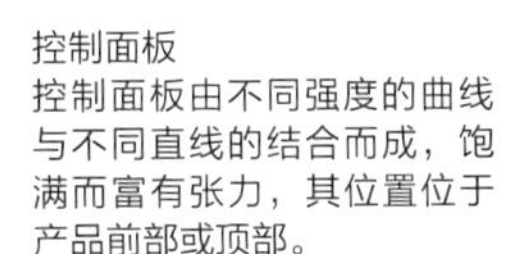

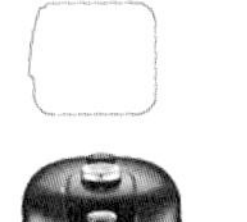

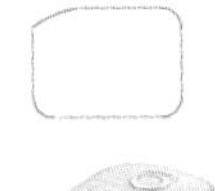

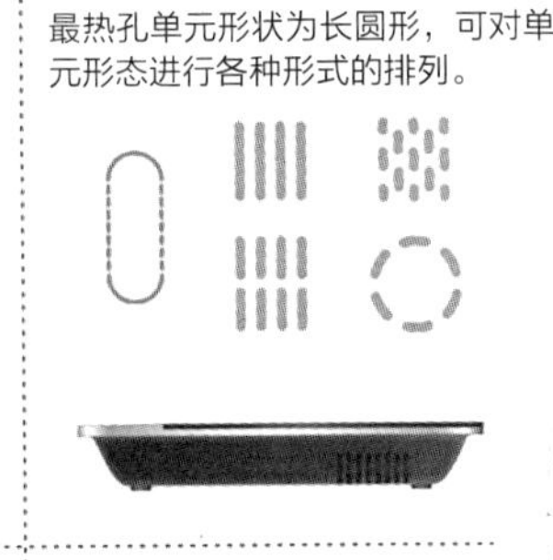



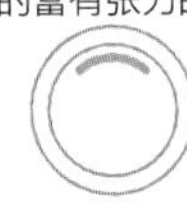

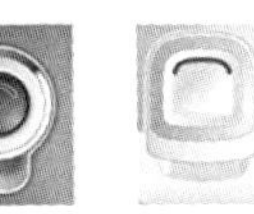

图4-31

图4-32

速形成设计共识，最终，顺利完成了苏泊尔新型电压力锅产品的开发项目。

当然，在城市公共设施领域，由于很多企业还不具备较强的制造水平和生产能力，其产品线还不具备产品族概念中多代、上下代的产品体系，往往还处于第一代产品族概念的设计开发阶段。

（三）城市公共设施产品族设计实验——以宁波东部新城项目为例

在实际的项目操作中，由于老城区的公共设施主要问题来源于诸如陈旧、落后、凌乱等，然其基本的公共设施配套则相对齐全，所以，老城区的建设需求通常是在现有产品系统上的整治和改良，项目委托方一般不愿意采用过于激进的全面产品系统换血方式，因为这可能会导致更大的问题与系统性障碍。

新城区的情况则完全不同，由于新城区的公共设施往往一片空白，或极其不完善，根据新城区、新发展、新要求、新建设、新系统等项目操作思路，存在很大的公共设施系统性产品换代的机会与探索空间，比如，从产品类型、单元、部件到零件的梳理，从批量化、标准化、模块化与个性化的关联，从嵌入式技术、结构选型到模数匹配的系统化处理等，最终，提升城市公共设施系统的整体效率和品质标准。

在2011年开始的宁波东部新城公共设施项目位于宁波江东区，主要包括国土局、规划局、工商局、城投公司、交通局、发改委等六部委周边的道路区域（图4-33）。

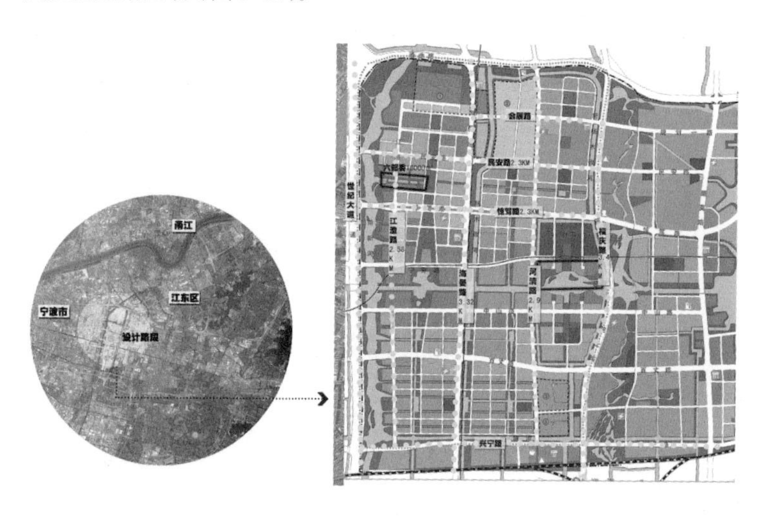


图4-33 宁波东部新城公共设施项目区位图

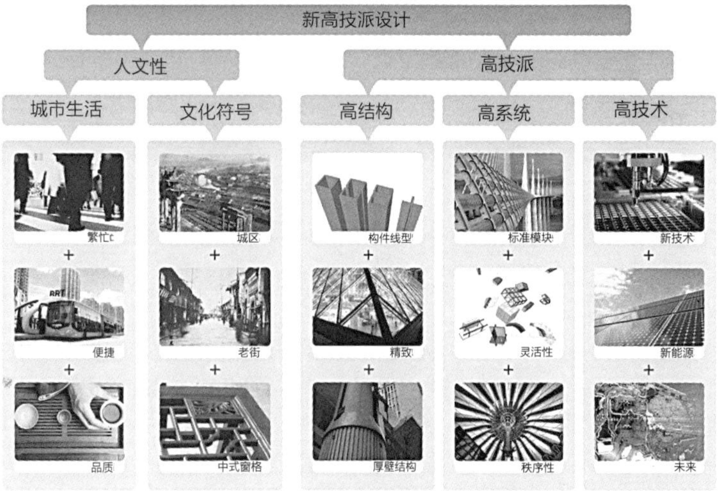

图4-34　宁波城市公共设施设计基本定位

从该项目现状可以看到，东部新城的基础建设刚刚开始，其公共设施的系统配套也不太齐全。项目的主要需求有两点：一是新城公共设施的设计定位是什么，二是如何使得东部新城公共设施系统更具管理与服务效率。

从城市的基本定位看，东部新城区是以宁波未来中心商务和行政办公为核心的综合性城市新区，是宁波市实现跨越式发展的基点。显然，东部新城公共设施的设计，首先应该着眼于当代性，注重现代意识与创新设计；其次，应强化高科技感，追求国际视野与科技融入；再次，应体现人文关怀，重视生活宜居和文明城市的建设，由此，提出设计的基本定位：一种代表新宁波城市形象的、具有人文性、新高技派[1]的公共设施系统设计（图4-34）。

东部新城的基本点就是“新”，所以城市管理者对城市公共设施项目提出了系统化设计诉求，希望能够更好地实现新城公共设施的运行、管理、维护与拓展等功能，于是，我们引入了面向大批量、个性化定制式的产品族设计理念。

在项目设计中，其一是通过公共设施系统内同类型形态产品的模块化重组，并预留可拓展模块接口。比如公交候车亭组合系统，结合城市人的群体性活动需求分析，设计对公交候车亭的单亭、双亭、组合亭（含候车厅、书报亭、电话亭），以及因不同道路而产生双亭交错排列等

[1] 20世纪60年代末以来，不仅采用高技术手段，而且在形式上极力表现高技术的结构、材料、设备工艺，以及建造的拆卸或扩展可能等美感的建筑设计倾向。

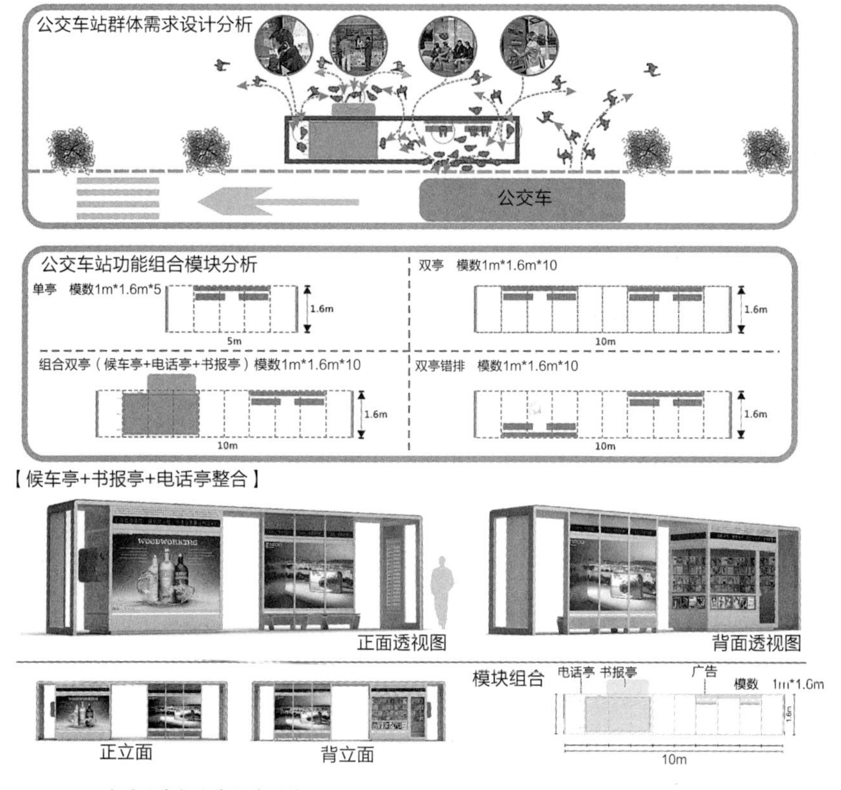


图4-35　宁波公交候车亭组合系统

产品类型，均给予从单位模数、产品结构、部件组合、安装方式、模块接口的统筹考虑（图4-35）。

其二是主抓单体产品可装可拆、可增可减的部件与零件等设计研究。比如新型路灯杆总装系统设计，充分考虑各种型号配件连接的成本经济性、外观效果、组合有序性、安装效率、维护便捷性等因素，以及配件连接定位、尺寸等数据分析与比较，最终，杆件主体以无缝钢管折弯整体成型，装配滑槽以铝合金挤压工艺成型，连接配件采用铝合金压铸工艺成型，并且采用统一零件规格，统一装配尺寸（图4-36）。这种基于产品族设计的公共设施系统设计，既有利于新城不断发展的进程，也利于生产企业的系统化制造水平提升，进而实现东部新城大批量公共设施的高品质。

| 分类 | | 小型配件连接（如信号灯） | | | | 大型配件连接（如大型交通牌） | |
|---|---|---|---|---|---|---|---|
| | | 抱箍式螺丝连接 | 抱箍式金属卡带连接 | 滑槽式螺丝连接 | 直接螺丝连接 | 法兰式连接 | 抱箍式连接 |
| 图示 | | | | | | | |
| 对比分析 | 成本经济性 | ★★★☆☆ | ★★★☆☆ | ★★☆☆☆ | ★★★★☆ | ★★★☆☆ | ★★★★☆ |
| | 外观 | ★★★☆☆ | ★★☆☆☆ | ★★★★★ | ★★★★☆ | ★★★☆☆ | ★★★★☆ |
| | 组合有序性 | ★★☆☆☆ | ★★☆☆☆ | ★★★★★ | ★★★★☆ | | |
| | 安装效率 | ★★★☆☆ | ★★★★☆ | ★★★★☆ | ★★★★★ | ★★☆☆☆ | ★★★☆☆ |
| | 连接强度 | ★★★★☆ | ★★★☆☆ | ★★★★☆ | ★★★★☆ | ★★★☆☆ | ★★★★☆ |
| | 维护 | ★★★☆☆ | ★★★☆☆ | ★★★★☆ | ★★★★☆ | ★★★☆☆ | ★★★☆☆ |
| 综合分析 | | 综合上诉比较分析，小型配件以滑槽式螺丝连接和直接螺丝连接较为合理，大型配件以抱箍式连接较为合理.杭州可采取方案：<br>A：滑槽式模块设计：小型配件滑槽式螺丝连接+大型配件抱箍式连接<br>B：点阵式模块设计：小型配件直接螺丝连接+大型配件抱箍式连接 | | | | | |

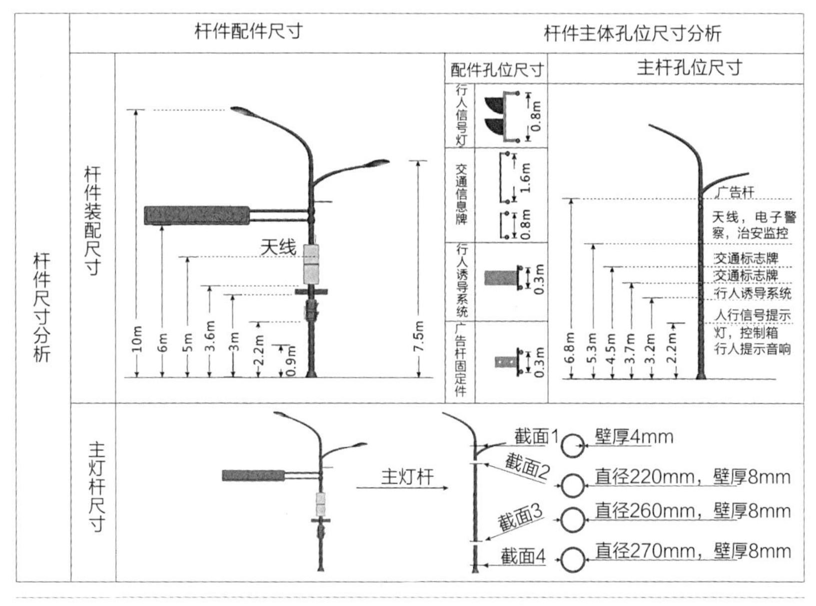


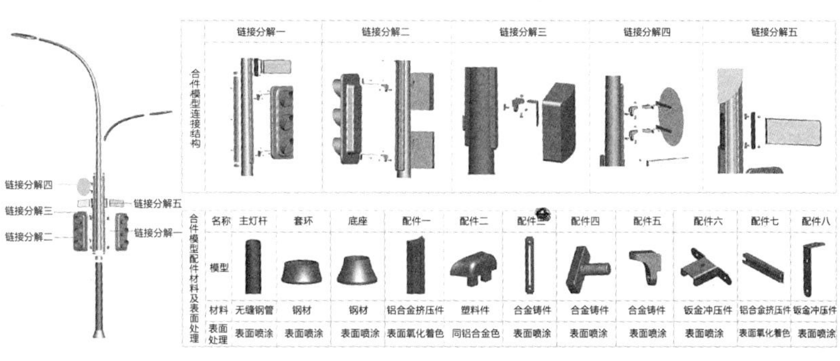


图4-36　新型路灯合杆系统设计

## 三、面向城市运营管理的产品系统设计

### (一)从城市管理到城市服务

关于城市公共设施的城市运行与管理方面的内容，在本章的第一节第三小节“加强产品系统种类的梳理”、第二节第二小节“面向大批量个性化定制的产品族设计”中均有相当篇幅提到城市管理相关的设计实践内容。这也说明了对于城市公共设施而言，城市的运行与管理是设计中必不可少的一环，在某种意义上说，这一类公共产品的设计具有“设计师+城市管理者”的双设计师主体特征，仅靠传统意义上单纯的设计师是难以很好地实现设计并完成的。

从根本上讲，城市公共设施的运行与管理问题属于城市管理学范畴。通常，我们认为城市管理的主体对象是城市这个复杂巨系统，城市管理者通过决策、计划、组织、协调、控制等手段，运用法律、行政、经济、社会等方式，围绕着城市运行和发展的相关事务进行经营与管理活动。其中，城市公共设施属于城市管理中的公共事业管理范畴。[1]

当然，城市公共事业管理机制中的问题有很多，本书仅从设计专业的角度出发，结合若干项目实践的经验，提出几个与设计相关的在城市公共设施运行与管理中存在的问题：

其一，城市公共设施“重建轻管”的管理观念问题。城市管理应该是从规划、建设到运行全过程的管理，但目前的普遍现象是重前期规划与建设、轻后期运行管理，而不是更为合理的“三分建设、七分管理”[2]城市科学管理观念。这里存在两个问题，一方面，由于“建与管”形成一定程度的脱离，在前期规划、建设阶段往往较少考虑后期的运营管理等需求，易陷入一种为建而建的局面，导致公共设施设计系统配置不全

---

[1] 娄成武、郑文范：《公共事业管理学》，北京：高等教育出版社，2008年12月1日第2版，第9页。

[2] “三分建设、七分管理、十分经营”，即在城市规划、建设、管理和经营大系统中，规划是龙头，建设是基础，管理是关键，经营是灵魂，也就是在城市规划、建设、管理全过程中，注重把城市的有形资本和无形资本，运用市场机制进行优化配置，最大限度地发挥有限的城市资源作用，提高城市资源利用的经济效益和社会效益。引自许敬红、钱艳芳：《现代城市发展新思路—三分建设、七分管理、十分经营》，《城市开发》，2002年08期，第28页。

面，不能很好地实现为城市生活系统服务的根本目标；另一方面，“重建轻管”导致城市公共设施的管理、运行、维护经费不足，在公共设施的使用过程中，容易形成与老百姓日常生活的长期性需求之间的矛盾，诸如维护不善、更新不佳、补充新增不及时等。

其二，城市公共设施“多头管理”的管理机制问题。在关于杭州“十纵十横”城市公共设施系统设计探索中，已清晰地反映出公共设施种类的庞杂与管理机制的复杂，一个垃圾桶就事关建设、环保、城管等多个部门，而一个电话亭更是涉及地方政府和中央企业两大系统。这种部门与部门之间、系统与系统之间的职责划分不清，同时彼此没有直接的行政隶属关系，容易产生各自为政式的“多头管理”，造成监管重叠或监管空白等现象，导致城市公共设施运行低效率、管理低水平等困境。

其三，城市公共设施管理队伍薄弱的问题。一方面，我国长期以来“重建轻管”的工作思路，使得城市公共设施在全面系统管理上建设不够，无论是管理的工作内容，还是管理的业务水平，均难以应对种类众多、涉及面广的公共设施系统需求，难以形成从上到下、从左到右、覆盖式的管理网络；另一方面，由于公共设施管理涉及诸多专业、诸多领域的技术，以建设为主导的管理队伍人员所具有的知识结构，很难应对这种多知识交叉类型的专业沟通。而目前政府管理机制尚不能有效吸纳其他社会主体（比如社团组织、民营企业，以及广大的市民等）以不同的形式真正参与到城市公共事业的建设与管理中来，实现公共设施管理的全面性、透明性、有效性，并充分利用、发挥全社会各种主体力量在我国的社会公共事业建设中的作用和价值。

其四，城市公共设施运行机制创新问题。城市公共设施系统需要涉及从规划设计、资金投入、系统配置、生产制造、运行服务、使用维护等一系列的综合管理工作，事实上，这些工作之间存在着相互联系、环环相扣的关系，需要建立一套完整而有效、弹性且可控的公共设施运行机制。目前我国的城市公共设施管理与运行模式相对单一，就管理模式而言可分为政府自己成立专业机构、政府指定国有企业等公司、政府邀请相关企业项目竞争等三种代建模式，但主要以政府拨款为主，缺少市场投资、市场经营以及有效的监督管理，公共设施总体投入依然严重不足，难以适应现代化城市建设与城市生活的需求。另外，在公共设施建设完成并移交运行后，亦缺乏市场化、资产化等经营机制，容易造成投入和管理的双重浪费。

从城市公共设施的“重建轻管”管理观念、“多头管理”管理机制、管理队伍薄弱、运行机制创新等问题上，我们可以看出一种从建设到管理、从管理到经营、从硬管理到软服务的城市管理发展需求。[1]

美国戴维·奥斯本与特德·盖布勒在《改革政府》一书中，针对美国政府管理存在的问题，提倡政府官员应具备事业和创新精神，提出了一种企业化政府模式，即新公共管理模式。[2]奥斯本将政府的服务对象视为消费者，政府不应再是凌驾于社会之上的相对封闭的官僚机构，而应是负有责任的企业家，公民则是顾客。所以，政府应以满足顾客的需要为出发，而不是政治官僚的需要，应将资源集中对顾客的服务，提供多样选择的可能，并建立以城市消费者为导向的服务型政府模式。这种服务型政府模式要求政府反思传统的思维模式、管理定位与职能，通过挖掘企业家精神、社会大众、自由市场的力量，实现真正的政府管理创新与改革。美国佐治亚州民主党参议员萨姆·纳恩认为：《改革政府》提出了一个批判性的基本见解，即政府必须为顾客服务，才能受到人们欢迎。[3]

本书上述的几个城市公共设施管理问题，主要是城市管理体制与机制改革领域内的难题，这本身不是设计学科所能解决的事情。但是，由于实际上设计参与其中，很难回避此类关于城市管理的问题，设计可以理解、体会城市管理的困境与出路，正如美国戴维·奥斯本与特德·盖

---

[1] 陈相明、何克祥：《城市公共设施管理存在的问题与对策研究》，载于《理论前沿》，2007年第18期，第34-35页。

[2] 20世纪70年代末以来，西方发达资本主义国家实行的政府改革，人们普遍认为，区别于传统公共行政典范的、新的公共管理模式正在出现。“重塑政府”运动的积极倡导者奥斯本和盖布勒总结美国改革地方政府和联邦政府的经验，宣扬政府管理的新方式。英国是“新公共管理”运动的发源地之一。英国推行了西欧最激进的以注重商业管理技术、引入竞争机制和顾客导向为特征的政府改革计划。新西兰、澳大利亚与英国一起被人们视为新公共管理改革最为迅速、系统、全面和激进的国家。

[3] （美）戴维·奥斯本、特德·盖布勒：《改革政府——企业精神如何改革着公营部门》，上海：上海译文出版社，1996年，第164－168页。

布勒所倡导的为顾客服务的城市管理理念与模式。

从奥斯本、盖布勒的角度，我们与其讨论带有一种行政化管理色彩的城市公共设施运行管理与设计，不如探讨一种更具企业精神的城市公共设施运营管理与设计，这更为符合以城市消费者为导向的服务型政府模式内涵。城市公共设施系统设计应该以一种主动设计的态度，积极参与并挖掘城市公共服务中所潜在的价值机会，通过设计与运营管理相结合的方式，进行城市公共设施系统设计的探索与实验。

（二）面向城市运营管理的产品系统设计实验——以工地围墙项目为例

在城市公共设施产业领域，创立于1964年的法国德高集团（JCDecaux Group），公司业务遍布全球50多个国家的3，688个城市，是全球排名第一的国际性户外媒体公司，其在公共服务、产品设计与运营等方面的实践具有重要的研究参考价值。

德高集团40多年来一直致力提供结合城市建设发展及其公共设施的系统解决方案，其业务对象包含：公交候车亭、书报亭、阅报栏、自动化公共卫生间、路牌灯箱、多元服务信息栏以及地铁站的公共设施等（图4-37）。德高集团紧密配合各地城市的建设和发展需求，其基本的运作方法是：一方面，提供高品质的公共设施服务，如免费提供公交候车亭建设及其全部维护服务；另一方面，将这些公共设施变为独特而高效的广告媒体，通过系统设计实现市场价值的有机转换。同时，其产品

图4-37　德高的城市“数码港”（彼得斯莱：《德高贝登数码港》，来源于灵感日报，网址：http://www.ideamsg.com/2012/07/escale-numerique-for-jcdecaux/）

严格按照高标准制作，能胜任户外日晒雨淋等恶劣气候的考验、长时间的使用磨损等城市公共设施的客观环境要求。德高集团提供了一种将公共设施的艺术性、品质性、有效性、公共服务性与品牌、市场、商业、广告、经营等有机融合的案例示范。

笔者在宁波东部新城公共设施项目设计过程中，也遭遇了一件令人深思的事情。在该项目合作的初始，应宁波东部新城景观设计项目承担单位中国美术学院风景建筑设计研究院郦晓英先生的要求，帮助其进行建筑工地围墙的美化设计。起初，笔者觉得这是一件比较简单的工作。然而，随着双方讨论的深入，以及与宁波东部新城管委会交流的展开，发现这件事情并不那么简单，可能会朝向相对复杂、但更有趣更有价值的设计方向演变。

从一个新城建设发展的需求来说，各种建筑工地可谓此起彼伏，于是，建筑工地围墙亦随之在整个新城各个区域中，不断地进行建造、拆除、再建造、再拆除等循环往复的动作。这个工地围墙的建造动作带来的是大量的灰尘、成本的浪费、缓慢的施工时间等，当然还有相当低品质、低效的附属广告，可谓糟糕至极。于是，从尽量解决宁波东部新城管理者困扰和需求的基本思路出发，我们开始尝试一种更高品质、更便捷安装与维护的工业化、模块化设计方式，进而发现这样的新型工地围墙完全可以产生一种新的商业价值机会，从而更高层面、更大范围、更好地解决现实的需求，事情于此发生重大的转折。以新型工地围墙为基本，把原来属于城市公共设计项目中的各种道路导示牌、甚至地下管道出风口围合装置等都纳入进来，通过生产制造的产品模块、部件、零件等系统设计，充分重视广告单元面积长宽比与信息传达有效性之间的关系、工人部件安装与更换的方便性、产品单元的可复制性与可延展性等因素，并尝试与广告运营公司展开合作，建构了一个从设计研发、生产制造、产品供给、运行服务到产品维护的综合性产品系统设计项目（图4-38）。事实上，这个设计案例思路与德高集团的运作方法如出一辙，尽管，那时我们都没有意识到这一点。实质上，这是一次从产品本体系统设计向运营管理与服务的新产品系统设计转型的实验。

最后，在这里需要说明的一点是，之所以本章节的名称为城市公

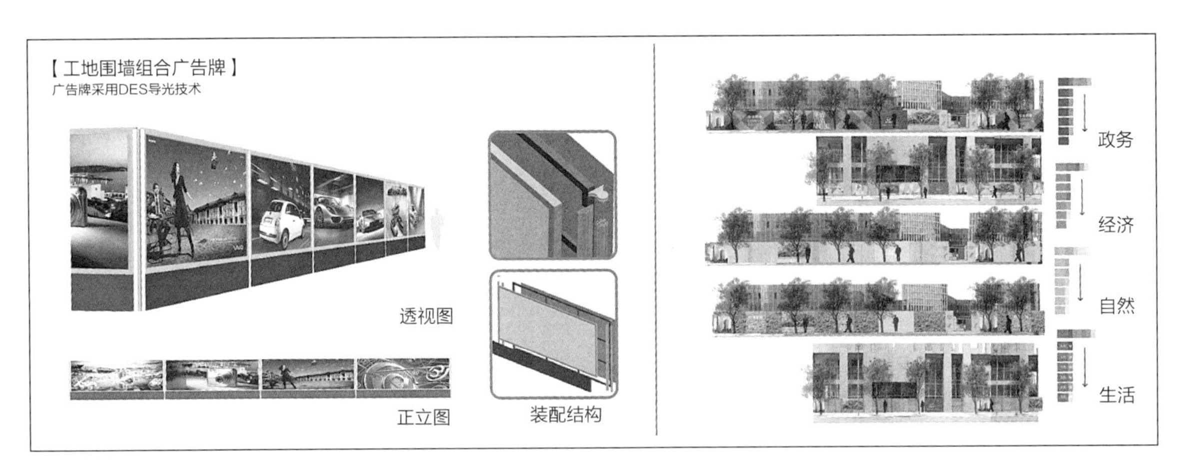


【导示牌】

组合方式

| "一"字型 | "一"字型 | "L"型 | "T"型 | "+"字型 |
|---|---|---|---|---|

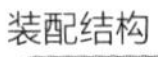


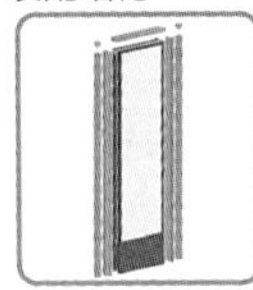

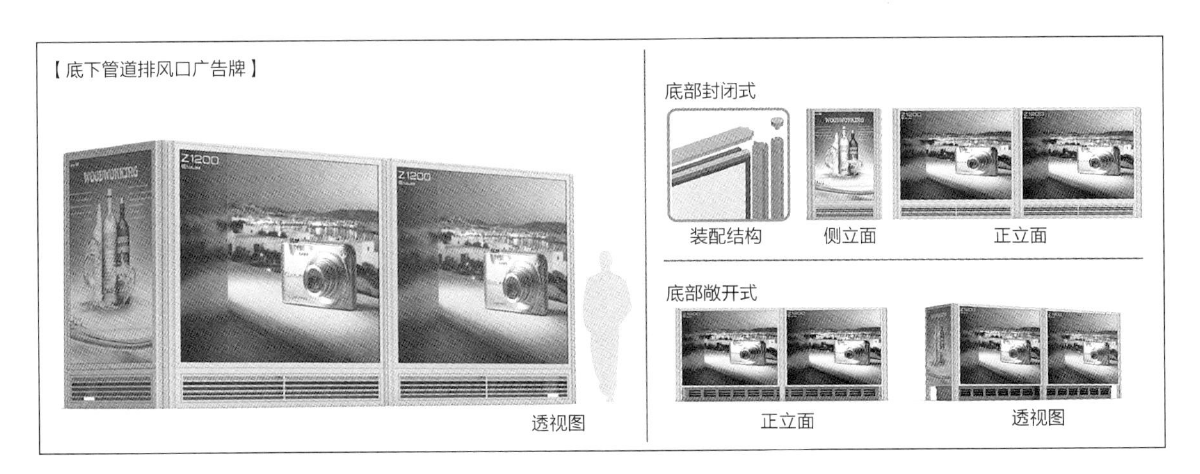


图4-38 宁波东部新城新型工地围墙综合性产品系统设计

共设施外延系统设计“实验”，是试图表明“面向大批量个性化定制的产品族设计”、“面向城市运营管理的产品系统设计”在实际项目中的困难性，就设计的预期及其执行率、实现率而言，比如对宁波东部新城项目、以城市工地围墙项目等设计实际结果观察，均远不如城市公共设施本体系统设计实践的落地性，但该类设计极具社会价值、经济价值的潜力。在此意义上，本章节的设计实践活动更加接近一种实验性设计探索。

## 第三节　城市公共设施顶层系统设计实验

### 一、关于顶层系统设计的思考

#### （一）从本体、外延到顶层

城市公共设施本体系统设计以城市文化为导向，开展了设计定位、形式语言、构造风格、材料、肌理、色彩等系列设计，加强了对现有产品系统种类的梳理，如两杆两亭、多箱合一等关键环节设计；同时，从整体城市空间的视野出发对公共设施形象系统进行区域布局，以及步行街和普通道路两类典型街道的场所与公共设施设计等，完成了公共设施表征层从视觉形象美化、功能种类优化到城市空间布局、区域场所落地等系统实践。而外延系统设计主要展开了面向大批量个性化定制的产品族设计、面向城市运营管理的产品系统化设计等，完成了公共设施生成层从生产制造的系统细化、效率提升到运营管理的艺术、商业与设计结合等系统实验。

实际上，本体系统和外延系统两者相加已经包含了城市公共设施几乎全部的设计要素，从设计的形、色、材、质到生产制造、运营管理等

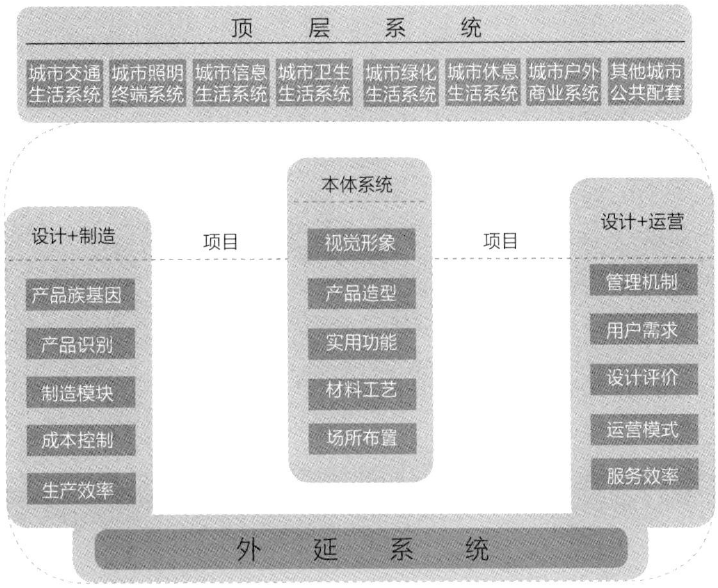

顶层系统
城市交通生活系统　城市照明终端系统　城市信息生活系统　城市卫生生活系统　城市绿化生活系统　城市休息生活系统　城市户外商业系统　其他城市公共配套

设计+制造
产品族基因
产品识别
制造模块
成本控制
生产效率

项目

本体系统
视觉形象
产品造型
实用功能
材料工艺
场所布置

项目

设计+运营
管理机制
用户需求
设计评价
运营模式
服务效率

外延系统

图4-39　公共设施设计的顶层系统、本体系统及外延系统关联图

内容，所以，顶层系统设计研究的主要关注点并非是设计要素与内容。

从根本上来说，城市公共设施顶层系统所扮演的出发点、角色和任务，与面向现有产品及其系统问题为出发点的本体系统、外延系统不同，顶层系统设计的任务首先是面向城市的问题，是以解决城市生活系统的新问题、新需求为基本出发点，通过用户需求、产品创新、技术集成乃至商业模式等系列工作，提出新概念、新设计以及新的某一种公共设施系统解决方案，如图4-39所示。

面对城市公共设施设计的新问题、新需求和新任务，主要存在三个方面的设计反思：首先，什么是顶层系统设计所关注的新问题；其次，我们该以何种态度、方法和设计精神来应对这种新问题；最后，对由新问题而出现的新设计又该如何评价。

（二）城市问题与SET因素分析

城市公共设施顶层系统设计，应先从一个城市管理负责人的角度思考，当然，以城市动态发展的视角，任何城市都存在着各种待解决的问题。在全球化时代，城市面临着城市自身发展、城市与城市之间的全方位激烈竞争，涉及城市文明、经济、工业、教育、医疗、社会保障等问

图4-40 杭州城市交通生活系统问题

题，对于旨在为城市户外生活服务的公共设施系统而言，同样存在与其相关的城市交通、照明、信息、卫生、绿化、休息、户外商业、应急救援等各个生活系统问题。总而言之，城市有很多问题，需要我们一个一个去解决。

如果我们从奥斯本、盖布勒以城市消费者为导向的服务型政府理念看，对于公共设施及其城市生活系统来说，其顶层系统设计可以从一种宏观性、层次性、系统性的方式出发，即由城市的某一类生活系统的策略定位、到项目研发与产品创新等工作。

美国的Jonathan Cagan和Craig M.Vogel在《创造突破性产品》一书中提出设计创新应该从社会（Social）、经济（Economic）、技术（Technology）三个方面着手，即通过SET因素分析的方法启动设计工作。[1]我们可以首先分析某一生活系统及其相关行业的发展状况，识别该领域出现的新需求、新机会，进而把握顶层系统设计策略，从宏观上指导产品创新的方向。

比如，关于城市交通生活系统问题。以杭州为例，我们通过SET因素方法来分析城市交通生活系统遭遇的情况：一是社会因素（图4-40），杭州城市交通基础建设良好，如五位一体的公交体系已经成型并正在发挥重要作用，国家政策也在大力支持公共交通的发展，同时，城市人的生活方式日益多样化，其交通生活呈现越来越快速化的节奏，

---

[1]（美）Jonathan Cagan，Craig M. Vogel：《造突破性产品:从产品策略到项目定案的创新》，辛向阳、潘龙译，北京：机械工业出版社，2004年1月1日，第8页。

对城市交通生活中的行路难、打车难、停车难、杆件繁、安全难等现象，社会舆论反映强烈；二是经济因素，杭州城市经济水平较高，2014年4月主城区私家车数量已达一百万辆规模，且依然呈现快速增长态势，整体市场需求旺盛，城市人的经济收入水平较高、消费能力较强、消费观念也相对领先于国内大多数城市；三是技术因素，今天的科学技术发展迅猛，各种新技术不断涌现，与城市交通相关的技术如新能源技术、电子电控技术、数字化技术、轮毂电机技术乃至万物互联系统等技术，这些新技术的出现将给城市交通新的发展提供有力的技术支撑，如图4-41所示。

城市交通生活系统是一个大问题，很难一蹴而就地解决。从SET因素分析中，我们可以看到其中存在着多种机会：面向城市交通生活的行路难、打车难、停车难、杆件繁、安全难等现象，提出在新技术的支撑下多方向、多维度、多系统的城市交通系统解决方案，继而形成诸如基于车联网技术的城市公共巴士多系统架构、基于云平台技术的出租车分时租赁运营模式、基于移动互联网的智能手机打车软件平台、城市轨道交通的智能化制造与运行系统等项目。

事实上，通过对城市交通生活系统的SET因素分析，主要使我们进一步明晰了一个大方向，但这与设计最终选择做什么项目乃至期待获得

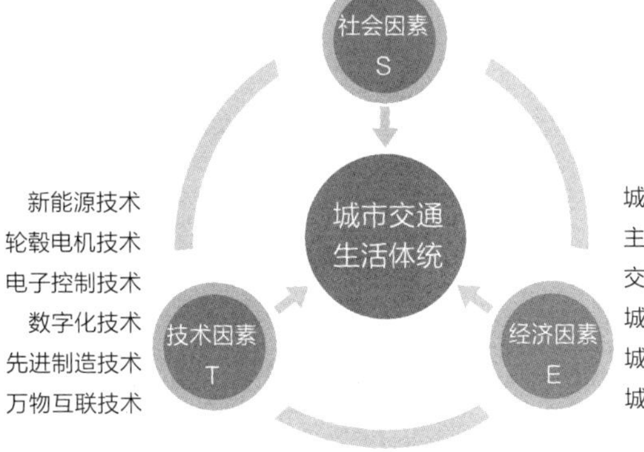


图4-41　城市交通生活系统SET因素分析

图4-42　游戏抽水泵( Playpump ) 图示 ( 迈克:《游戏抽水泵( Playpump )》，来源于Gizmag网，2009年1月27日，网址：http://www.gizmag.com/the-playpump--innovation-and-inspiration-conspire-to-solve-myriad-problems/10854/ )

成功之间尚存在着相当的距离。这主要存在两方面的因素：一方面，在复杂的、动态的社会市场竞争中，导致设计创新遭遇市场滑铁卢的原因存在多方面的可能，比如设计决策偏差、市场机会时间错失、销售渠道不力、价格定位偏高或偏低、产品质量有瑕疵、功能使用过于复杂、售后服务不周全等；另一方面，也取决于项目投资方具有的资源和条件，比如领先的新技术、有针对性的新概念、强大的设计研发团队、充足的项目资金等。对市场相关因素的把握和项目投资方自身的能力水平，都会对项目的策略定位，以及设计的成败产生很大的影响。但是，无论如何，在项目初始阶段的设计策略定位具有显而易见的重要地位和作用。

( 三 ) 从问题到需求

在实际的项目发生过程中，面对诸多问题，由于影响项目的因素众多，我们有时容易陷入一种问题模糊化、需求针对性不清等情况；换个角度说，需要追问的是：什么才是问题？以及由问题衍生的需求究竟是什么？

比如，一个关于非洲大陆干旱缺水问题的户外游戏抽水泵 ( Playpump ) 公共设施设计案例 ( 图4-42 )。[1]Playpump是一个具有社会创新性的设计，其概念很简单也非常有趣，面对非洲干旱、缺水的生态环境，在社区中建立儿童旋转游乐设施，利用设施转动所产生的动力带动水泵抽取地下水，既为孩子们带来了欢乐，又将以往每天需要花大量时间去很远地方取水的女孩子解放出来重返校园，解决了当地居民长途取水的困难，同时通过水泵系统相关工业制造流程的本地化来促进当地的经济发展。这似乎是一个绝妙的主意和机会！该项目一出现便获得了舆论的广泛好评，2006年获得多家基金会共1500万美元投资，之后迅速扩展到莫桑比克、坦桑尼亚、马拉维等国家。

可是，事情的真相究竟是如何呢？在几年过去以后，许多Playpump在农村安装了，但没多久就坏了，村民们无法修复，而维修热线却永远打不通；人们并没有在真实的世界中看到孩子们在兴奋玩耍中取水的美好想象，莫桑比克政府的一份报告甚至将这个项目评论为“一场灾难”。

[1] 车明阳：《设计思维驱动社会创新》，载于《21世纪经济报道》，2013年9月13日。作者是罗兰贝格管理咨询公司的咨询顾问、香港社会创新孵化器YES Network的创始人。

我们审视Playpump设计实践，无疑其所面向的非洲大陆干旱缺水问题是正确且具有重要意义的，但这只是一个大方向，真正的问题是非洲人日常生活缺水的问题，这属于一种基本的生存问题。对于非洲缺水地区的人们来说，如何能够确保取到水才是根本需求，有效、耐用、便捷、简单、合理、维修方便等才是设计应该重点考虑的问题，而非与孩子玩乐相关，及其由此导致的相对操作复杂、易于磨损、难以维修的设计提案！

说到底，Playpump失败的主要原因在于对问题认识的模糊化，没有正视用户真正的需求，结果形成了一个错误的设计策略定位、错位的设计解决方案、糟糕的产品创新结果等系列故事。

Playpump的失败也给了我们一个启示，在每一个项目开始的时候，或者是在每一个设计阶段，无论是设计策略定位，还是项目研发与产品创新，我们应该去追问并思考一件事：事情的真相究竟是什么？笔者以为，这应该成为设计师的一种本能，也是一种负责任的设计态度和设计精神。

对真相的理解，见仁见智。我们认为所谓真相，是针对已知存在的思辨与探索，研究其背后发生的内在根源，目的是为了找到更合理、更正确的设计解决之道，乃至指向理想与未来；这是一个对真相的认识、思辨与汲取的过程，需要多种类、多层次、多样化的思考。设计从发现问题开始，以满足用户需求导向展开设计活动；其中，需求是一种天然的属性，如人饿了要吃饭、没衣服穿了要买衣服等，需求不能被创造，只能被挖掘和发现。真相也是同样，我们说真相是未被发现的，或者说它其实就在那里，但是你却没看见，需要你去辨析与汲取！

（四）用户需求与设计评价

由上文可知，真正了解用户需求是设计创新的基本出发点，同时，也是项目进行设计评价的重要依据。世界上最具人气的设计公司之一IDEO[1]认为，无论何种产品，总是由了解终端用户需求开始，专注聆听

[1] IDEO公司成立于1991年，由三家设计公司合并而成，分别是大卫·凯利设计室、ID TWO设计公司和Matrix产品设计公司。IDEO是全球顶尖的设计咨询公司，以产品发展及创新见长。

他们的个人体验和故事，悉心观察他们的行为，从而揭示隐藏的需求和渴望，并以此为灵感踏上设计之旅。[1]

用户需求研究主要是指设计问题、设计目的与用户需求达成一致，以及与之直接相关联的设计评价如成效、成本、风险评估等，最终完成项目开发的一个复杂过程。在设计历史过程发展中，很长时间里，设计师大多把主要力量花在设计创作上，用户需求研究处于设计诸环节中相对简单的一环，但在过去的十年中，人们越来越认识到用户需求研究是重要的、复杂的环节。

正如Playpump经验表明，用户需求分析与研究的准确性对于设计结果的重要性，然而，关于用户需求是一件复杂的事，存在多种相关分析方法，如信息工程的数据驱动、数据流分析结构化分析方法，质量功能展开方法（QFQ），模糊聚类分析法（Kano）等；但是，哪怕借助一个大型数据库的需求分析软件，也很难精确提出关键功能技术参数以及准确的设计策略。同时，关于设计评价也是一件复杂的事。据不完全统计，国内外已提出近30种设计评价方法，如数学分析法、多指标综合排序法、线性加权评价法、专家评价法、名次计分法等。然而，设计是一种创造性的活动，很难完全按照科学计算的方法进行评价。通常，我们可以基于用户需求，结合实际项目的设计特点，运用系统性分析方法，判断、评价设计的成效与影响，为设计创新提供有效支撑；其中，用户需求与设计评价之间互相制约、互为关联，由用户需求分析到设计实践再到设计评价，一个不断循环前进的活动过程，如图4-43所示。

事实上，用户需求研究已经成为当下热门的研究领域，影响用户需

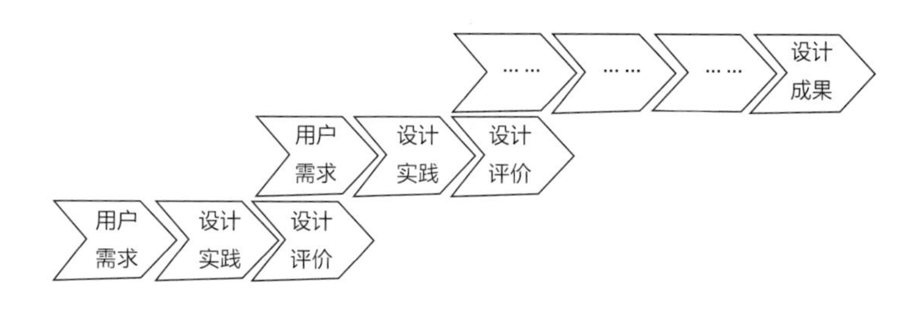


图4-43　从用户需求分析到设计实践再到设计评价的过程图示

[1] 吴崇翔：《日用品概念设计方法研究》，湖北工业大学：硕士学位论文，2012年5月。

求的因素有很多，本书从用户的群体因素、层次因素、个体因素、表达因素、过程因素等方面，对用户需求进行分析。

一是群体因素。用户是由各种背景的人群构成的，由于用户群体的文化层次、生活习惯、价值观不同，以及所处的社会环境、经济能力等不同，从而导致用户需求的差异性和多样性。

二是层次因素。用户需求总是按照一定的用户人群类型关系逐级分解，具有多层次、细分化特点。

三是个体因素。不同用户的需求喜好重点是不同的，即其需求权重不同，对用户需求而言，这必然形成不同情况的有限满足状态。

四是表达因素。用户对于产品需求的表达形式、内容叙述是不确定、不准确的，对于未来产品的需求往往只能呈现一种模糊的概念式描述。同时，设计师在与用户沟通、数据获取等方面还存在着自然形成的隔阂、障碍与不确定性。

五是过程因素。一方面，用户需求会随着用户自身对于产品属性、功能、结构、效果等方面的了解而产生变化；另一方面，与用户之间也会呈现动态式的相互影响。

综上所述，用户需求可以分为多样性、层次性、有限性、模糊性、动态性等主要特征；同时，我们结合城市公共设施设计应该具有以可持续性为纲、以地域文化为要、以“众人”为本、以公共服务为道、以合理性为基础、以系统整体为纲等基本设计原则，及其内涵的环保、独特、大众、公共、公益、效率、公平、安全、适应性、有用性、系统性等要求，进而把握公共设施设计用户需求与设计评价的相互促进的整体关系。

我们以城市交通生活中打车难的问题与解决为例，进行项目观察、用户需求分析与设计评价的探讨。关于城市打车难问题由来已久，不仅涉及普通老百姓的日常交通出行，也与城市建设发展息息相关。中国出租车行业在计划经济体制时期，出租车数量极少，主要服务对象是外国旅客和高收入者，改革开放以后，整体出租车数量有所增加，主要是北京、上海、广州等地，随着市场经济的不断繁荣，人民生活水平的不断提高，出租车数量开始急剧上升，走入千家万户的老百姓日常生活里，随之，城市交通资源供给与城市生活需求、公共服务与企业利润等之间的矛盾不断凸显。以上海为例，1998年，结合香港投资商等反映的情况，如上海出租车打车难、收费不规范、态度恶劣，以及上海城市的投资环境糟糕等，上海市政府以整顿出租汽车、改善上海投资环境为题展开了全面讨论，以求寻找解决方案与对策。一是制定并完善出租车管理条例，二是推出调整运价、减轻税收等相应的配套措施。在出租车管理规范化的同时，增强了整个行业的发展潜能。

但是，随着社会经济水平的进一步发展，城市人口不断增加，城市车辆规模不断扩大，而城市交通道路空间资源有限，近年来，城市交通拥堵现象日益严重。同时，随着智能手机的普及，以及移动互联网技术的成熟，以智能手机为载体的各种打车服务系统开始聚焦城市交通生活打车难等问题的解决，这也是一个新的市场机会点。

自2011年年底以来，诸如摇摇招车、易达打车、移步叫车、易叫车、打车达人、打车小秘、点点打车、大黄蜂搭车、爱打的打车、百米出租车、51打车、滴滴打车、快的打车等数十家打车软件蜂拥出现，令人目不暇接。打车软件作为一种提供公共服务的应用平台，其初始是面向城市出租车在城市扫马路式的空驶现象，既浪费钱、浪费能源又增加大气污染排放，另一方面，顾客与出租车驾驶员之间由于信息沟通不畅通，导致的人们出行效率与出租车服务效率双重低下等问题。根据第三方研究机构易观国际集团[1]旗下易观智库[2]的统计数据显示，截至2013年第三季度，在打车软件类应用细分领域，全国累计用户数接近2000万。其中，快的打车与滴滴打车（图4-44）分别占据整个市场的41.8%与39.2%的份额，而摇摇招车则占据9%的份额。

上述情况显示出两个方面的现象，一方面，约2000万的用户数量说明了打车软件在今天城市交通生活中的影响力，人们已经开始广泛接

---

[1] 易观国际集团，2000年成立，是中国信息化、互联网和新媒体以及电信运营行业规模最大的中国科技市场领先的研究和咨询机构。

[2] 易观智库是易观国际集团推出的基于新媒体经济（互联网、移动互联网、电信等）发展研究成果的商业信息服务平台，兼具信息可视化、数据模型化、分析工具化、内容定制化与解读互动化等亮点，提供可信、可靠、可用、成本有效的商业信息。目前，易观智库已经成为国内外政府、企业、投资机构以及专业人士进行科学决策的信息源和决策工具。

图4-44　快的打车与滴滴打车操作界面(来源于木蚂蚁手机乐园网站，快的打车2.5和滴滴打车2.7，网址：http://bbs.mumayi.com/forum.php?mod=viewthread&tid=3927861，http://bbs.mumayi.com/forum.php?mod=viewthread&tid=3712526)

受、应用打车软件，它正在改变人们的出行方式。打车软件既为城市人的交通出行提供一种预约式的便捷，也使出租车司机减少了空置率、提升了服务效率，同时，也有助于节约能源、改善环境污染等，可谓初步达到满足用户需求与实现多赢等效果。

另一方面，打车软件被视为移动互联网中最值得期待的商业模式，数十款打车软件出现的背后是资本的不断涌入，市场竞争逐步进入白热化的“洗牌阶段”。目前，国内已经出现大面积的软件打车公司兼并、淘汰、死亡等现象，如快的打车兼并51打车、大黄蜂打车等。得力于阿里巴巴和腾讯公司的投资和行业背景，快的打车、滴滴打车逐步成为行业的双巨头。

随着大量资本涌入打车软件行业，各种市场经济手段开始层出不穷，如快的打车在北京以一亿元投资补贴顾客打车，滴滴打车对顾客的打车抽奖，百度地图也介入该行业采用返还话费方式，以及其他免单、实物奖励、加价与返还等活动。究其重要原因之一是，对于互联网市场产品来说，任何商业赢利模式都需要基于庞大的用户数量基础之上。由此，以快的打车、滴滴打车为代表的打车软件公司采取一种“烧钱”方式以加快培育市场，占有海量用户群体，开展互联网公司对LBS[1]（基于地理位置的服务）和O2O[2]（线上线下电子商务）入口的争夺，进而实现移动支付市场占领乃至市场垄断，最终达到企业获取最大利润的目标。

抛开互联网企业战略方式与市场经营模式等经济领域主体的问题外，事实上，在打车软件尝试解决城市交通生活打车难问题的过程中，其试运行开始后用户需求便逐渐浮现出三种新的情况：

一是随着用户人群数量的扩大，在智能手机、互联网使用习惯的条件下，老人和孩子无形之中被排除在用户对象之外，换句话说，老人和孩子开始大量遭遇打不到车的情况，这成为这种新兴公共交通服务方式利益的被侵害者。

二是由于补贴、加价、返还等市场利益导向手段，出租车司机开始出现隐性挑客、拒载等现象，以及市场扩大后大数据系统技术支撑未能及时跟上等情况，导致大量用户也开始打不到车，成为利益先决条件下的打车秩序被破坏、被插队的受害者。

三是同样由于利益导向作用，出租车司机在营运过程中，利用手机打车软件进行“抢单”的行为，造成车辆驾驶安全隐患等公共问题。

这三种情况的出现与城市公共服务的产品属性、公共设施的基本设计原则[3]是相背离的。第一，不符合以“众人”为本的要求，公共设施应该能够为大多数人提供服务，所谓大多数人自然应该包括老人和小孩这两类人群；第二，不符合该公共服务产品关于公共、公平的要求，市

---

❶ 基于位置的服务（Location Based Service，LBS），它是通过电信移动运营商的无线电通信网络（如GSM网、CDMA网）或外部定位方式（如GPS）获取移动终端用户的位置信息，在地理信息系统（Geographic Information System，GIS）平台的支持下，为用户提供相应服务的一种增值业务。

❷ O2O，全称Online To Offline，又被称为线上线下电子商务，区别于传统的B2C、B2B、C2C等电子商务模式。O2O就是把线上的消费者带到现实的商店中去：在线支付线下商品、服务，再到线下享受服务。通过打折、团购、提供信息、服务等方式，把线下商店的消息推送给互联网用户，从而将他们转换为自己的线下客户。这样线下服务就可以用线上来揽客，消费者可以用线上来筛选服务，还有成交可以在线结算，以很快达到规模。

❸ 城市公共设施设计基本原则：系统性、科学性、艺术性、成本控制、后期维护。引自连锋、韩春明：《浅谈城市公共设施设计的基本原则》，载于《科技经济市场》，2007年01期，第36页。

场与资本的强势介入在很大程度上影响了公共服务产品原有公平排队的秩序良性，这就像坐公交车变成了一件谁有钱、谁就可以先上的事情。从更高的层面看，这里存在一个社会道德导向的问题；第三，不符合公共服务产品最基本的公共安全保障要求。

但无论如何，从总体的设计评价角度看，首先，快的打车、滴滴打车等打车软件利用移动互联网技术探索解决城市交通生活打车难的社会实验，其价值在于为城市人的交通出行提供了一种新的选择方式，改变了传统的出租车预约调度模式，提高了出租车的运营服务效率，改变了城市人的交通出行方式，这具有极大的积极意义。

其次，针对现有的问题，可以从用户需求、公共服务等事情本源出发，尝试多种办法的改进。一是基于用户需求多样化、差异化、层次化等特点，进行用户市场细分化设计，比如专门为老人和小孩提供适合他们使用的、更为简单的打车软件操作和服务方式，再如进入城市货运流通、商务专车定制等细分市场领域，实现产品差异化、模式多样化的经营方式。

再次，目前打车软件所引发的问题与政府失灵相关。从根本属性上讲，作为一种为城市服务的新生的公共产品，在一种以消费者为导向的服务型政府的理念下，也有可能是由政府率先提出此类旨在改善城市交通生活打车难的问题解决方案。从这个意义上说，可谓政府失灵。但是，现在由市场发起并推出的这一类软件打车项目，又在实质上产生了一些与城市公共服务产品原则相冲突的地方，引发了人们对此的诸多不满，可谓市场失灵。此时，政府可以通过一系列的政策、手段来协调各方矛盾。比如，上海市交通运输和港口管理局在上海市交通委员会官方网站发布《加强出租汽车运营服务管理相关措施》[1]提出："暂时禁止在早晚高峰时段使用打车软件，严禁出租车驾驶员在其运营过程中使用手

[1] 上海市交通委员会官方网站，2014年2月26日发布《加强出租汽车运营服务管理相关措施》：一是在高峰时段新增运力配置方案出台前，暂行实施早晚高峰时段（即每日7：30至9：30、16：30至18：30）本市出租汽车严禁使用"打车软件"提供约车服务措施，以缓解高峰时段打车难；二是严禁出租汽车驾驶员在载客行车途中接听、使用手机等终端设备，以确保出租汽车运营和乘客人身安全；三是鉴于租赁行业车辆以合同形式服务特定对象的特性，严禁租赁车辆安装使用"打车软件"，维护出租汽车客运市场秩序。

机，以及推进城市交通打车软件的统一管理。”这一类政策的制定，对于杭州城市交通生活打车难问题解决方案的进一步推进，无疑有着较为积极的意义。

## 二、城市公共设施顶层系统设计实验

### （一）杭州城市公共租赁电动汽车系统项目设计探索

第一，关于项目缘起。本设计项目的开始，主要是由于杭州节能与新能源汽车“双试点”示范城市建设的需求、缓解杭州城市交通出行“行车难、停车难”的需求等两个方面，促成了本项目。

近四年以来，杭州市作为全国13个节能与新能源汽车示范推广试点城市之一、全国5个私人购买新能源汽车财政补贴试点城市之一的“双试点”城市，大力推进技术创新与强化管理创新，积极创新“充换并举”的杭州模式，努力探索和实践适合目前我国新能源汽车规模化推广应用的商业运营模式。总体而言，试点工作取得了阶段性的成效，新能源汽车产业实现了一定成绩，但是，尚存在多方面的不足，诸如产业发展规模相对偏小、新技术新车型创新缺乏、核心技术研发能力不强、充（换）电站设计薄弱、市场拓展与运营模式有待完善等。

今天城市交通拥堵问题已经成为一个世界性的问题，伴随着中国城市化的快速发展，中国城市的交通问题日益突出，杭州也不例外。在杭州城市交通生活中存在“行路难、停车难”的现象，造成这个局面的原因有很多，诸如城市扩大化、城市人口增长、私家车数量剧增、城市交通运力不足等。从根本上来说，解决城市交通问题需要提高城市公交分担率，那么，这涉及整个城市公共交通系统的建设问题。[1]尽管，杭州近几年积极开展包含城市公交车、地铁、出租车、免费单车、水上巴士等五位一体的公共交通系统实践，取得了显著的进步和成绩。但是，依然存在着整体城市公共交通系统架构与内涵有待进一步挖掘，各个公共交通子系统有待自我完善，城市人交通出行观念引导不够，城市交通管

---

[1] 陈洁行：《剖析市区“行路难”“停车难”问题》，载于《杭州科技》，2004年01期，第48页。

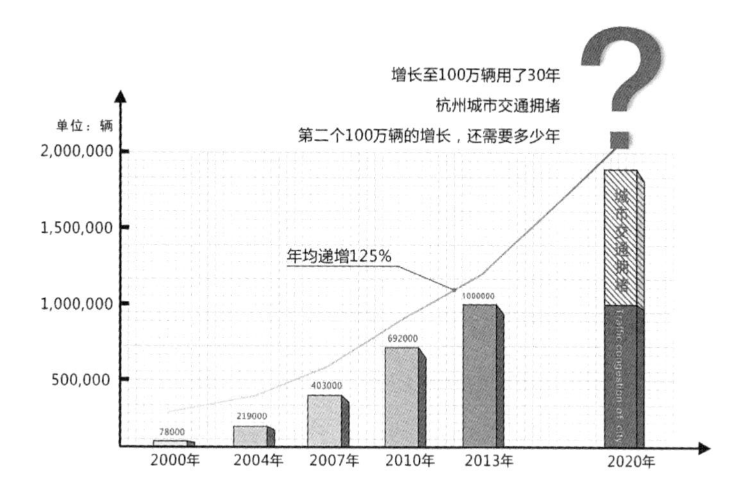


图4-45　杭州主城区私家车递增数率

理与智能控制有待提升，缺乏更先进、更合适的城市公共交通工具等问题。

上述方面反映了城市交通与新能源汽车产业发展的双重需求，在这里，双方存在着一个重要的关注交汇点，即以2013年4月杭州主城区私家车数量达到一百万辆的规模为基数测算，同时，持续以每年125%的速度递增（图4-45），那么，城市交通又如何得以有效地改善？这个问题包含了从城市管理系统智慧化、城市交通空间利用率挖掘、私家车或出租车等交通工具的体量与数量关系，以及城市人的交通出行观念改变等内容，由此，结合新能源技术电动汽车产业的发展特点，提出了杭州城市公共租赁电动汽车系统设计项目（简称公租车系统）。

第二，关于项目概述。因为本项目任务的层次与要求均较高，且设计研究内容涉及艺术、科技、商业、管理等诸多领域，属于一个复杂系统项目。所以，本项目首先组织了一个庞大而又高规格的设计团队，以中国美术学院为牵头，与香港科技大学、麻省理工学院、杭州市人民政府等共同构成项目的主要合作单位，同时，以国家“2011计划”的“国家急需、世界一流”要求为设计定位，以杭州节能与新能源汽车“双试点”示范城市为项目背景，在十八大报告“美丽中国”的指引下，面向杭州乃至全国大多数城市出现的城市形象、行车、空气、产业等关联性问题，提出了改变出行方式、推动美丽城市创新、促进汽车产业结构调整与发展的整体思路，开发新型公共租赁电动汽车为交通工具终端载体，整合国际一流的研发团队、科研成果和智慧，“政、资、产、学、研、用”协同创新，力求促进我国城市交通与产业发展。

杭州城市公共租赁电动汽车系统是城市公共交通系统的重要组成部分，是城市公交车、地铁、出租车、免费单车、水上巴士等五位一体杭州公共交通系统的补充和延伸，是城市发展到高级阶段的产物，用于缓解城市交通私家车出行给城市生活、交通与环境带来的复合性压力；同时，也是新能源电动汽车作为一种新产业类型的全产业链运营与推广计划。

第三，关于项目内容。自2012年12月开始启动，本项目组与杭州市经信委、香港科技大学、美国麻省理工学院、上海北斗导航以及杭州汽车制造相关企业等单位进行了多次合作讨论，开展了一系列项目调研与分析、项目建构、技术研究等工作，历时约八个月，逐步形成了包含用户需求、车辆设计、车辆制造、相关技术、智能交通、城市规划、运营管理等七大板块的项目工作内容，如图4-46所示。

一是城市居民交通出行需求分析。立足人口密集型城市、城区的交通需求分析，通过对用户人群调查研究，动态分析城市居民出行行为的多选择性和复杂性，从当下中国城市人交通出行观念的引导出发，提出城市交通出行优化模式，逐步建立具有公信力的公租车信用体系，既是电动汽车产业发展的重要推动力，也是中国城市生态文明建设的重要一环。本子项目包含城市居民交通出行需求分析、出行观念与出行模式研究、用户人群定位与推广、租车信用体系研究、城市出行愿景研究与表达等内容。

图4-46 杭州城市公租车系统项目工作内容

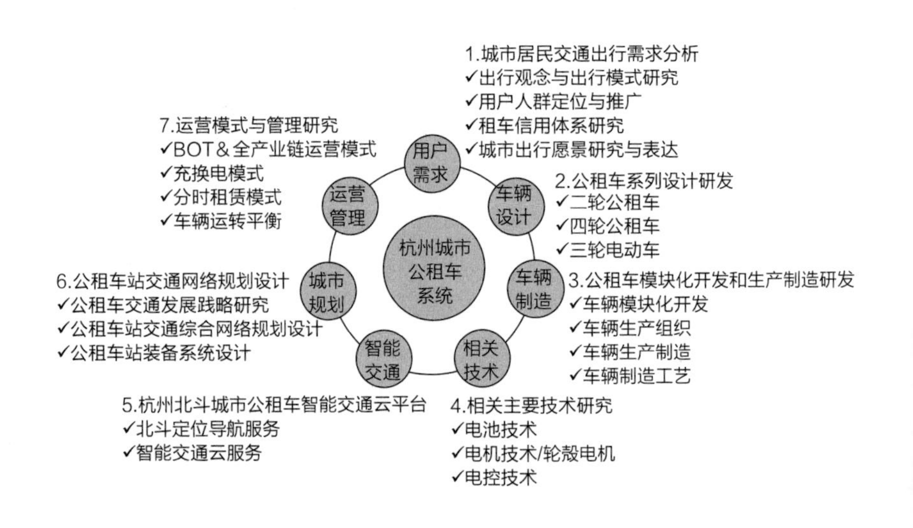

图4-47

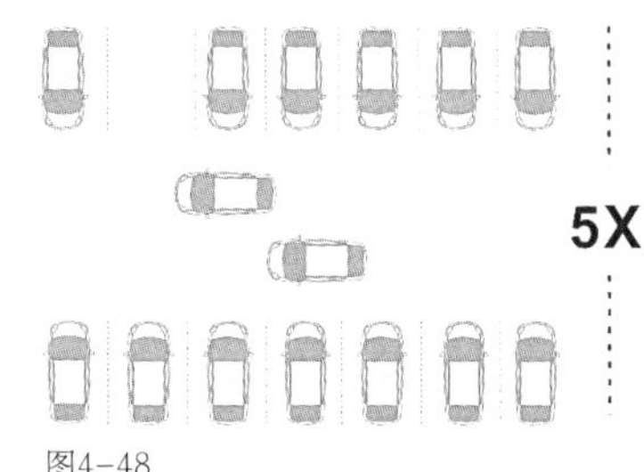

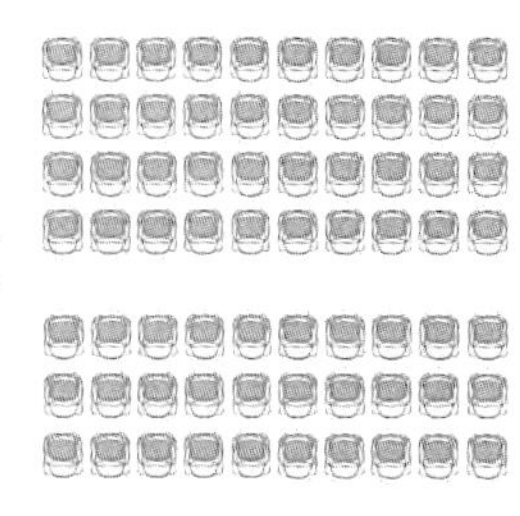


图4-48

二是城市公租车系列设计研发。面向从机械能到电能驱动力的重大转变，探索新技术下汽车产业发展的新规律，研究一种全新的形态、结构、功能和行动方式的汽车，打造一种新的“车”、新的模式、新的产业。城市公租车是一个系列化的综合体系，考虑包含单人三轮电动助力车、双人四轮车（简称CityCar Ⅰ，图4-47）、四人四轮车兼备家庭出行（简称CityCar Ⅱ）等车辆类型系列，以满足多层次城市出行的需求；同时，满足智能车联网、监控黑匣子、车辆链接运转等功能要求。CityCar是为解决密集型城市交通问题而设计的轻型电动车。值得一提的是，基于City Car原型车智能机器人轮360度停放技术，与传统停车场相比，通过智能控制在专用停车场可实现5倍停车空间效率的提升（图4-48）。

三是城市公租车模块化开发和生产制造研发。基于全新的形态、结构、功能和行动方式的电动车设计，进行整车制造技术、工艺技术的开发，包括车辆总装设计、零配件设计等，以及企业制造、组装的智能化生产线设计，形成从设计到制造的一体化系统输出。本项目的主要研究内容包括车辆的模块化开发、车辆的生产组织、车辆的生产制造和工艺技术等四个方面。

四是电动汽车相关主要技术研究。电池技术的比较、选型与实验，进行充换电模式研究，一方面需要考虑快速充电技术的突飞猛进，另一方面也要充分发挥低谷电节能的绿色环保价值，在目前杭州引领的“换电模式”基础上，统筹优化“换电为主、插充为辅、集中充电、统一配送”的模式运用。同时，进行新型充换电站桩的技术研发、与车辆的对接与管理系统，以及充换电站桩的系统设计、软件设计与造型设计等。

图4-47　CityCar Ⅰ上下车操作示意（来源于麻省理工学院媒体实验室肯特教授《城市科学（City Science）》设计文本，第65页）

图4-48　基于City Car原型车智能机器人轮360度停放技术与传统停车场比较图（来源于麻省理工学院媒体实验室肯特教授《城市科学（City Science）》设计文本，第70页）

"机器人轮"技术的研究、设计、测试与实验，包括轮毂电机的比较、选型和改造。电控技术的总体交互设计，包含均衡电池管理、电机控制系统等均，以实现人、车和平台的良好交互性。

五是杭州北斗城市公租车智能交通云平台研究。以北斗卫星、GPS复合导航系统作为北斗杭州城市公租车智能交通云平台，北斗便携式手柄作为个人移动定位终端，以北斗卫星短信平台作为通信手段，连接指挥监控调度中心，形成全域车辆人员指挥监控网，实现对机动目标的全过程态势的显示和指挥控制。本系统的主要研究内容包括两大关键技术平台：北斗定位导航服务平台和智能交通云服务系统平台。

六是城市公租车站交通网络规划设计。立足于智慧城市公共交通发展战略研究，以市区内的交通规划为主，同时处理好市际交通与市内交通的衔接、市域范围内的城镇与中心城市的交通联系，以及与其他公共交通和个体交通形成优势互补的多种方式的交通网络，减少市民出行的能耗和时耗。科学合理地进行城智慧城市的车站网络规划与公租车站装备系统设计，提高城市的运转效能，提供安全、高效、经济、舒适和低公害的交通条件。本系统主要由城市公租车交通发展战略研究、公租车站交通综合网络规划设计、公租车站装备系统设计三大板块构成。

七是城市公租车运营模式与管理研究。采用"建设—经营—转让"模式（BOT），推行政府引导下的全产业链运营与推广模式，企业主体，市场引领，多方合作，共同推进。鉴于拥堵的城市交通和巨量的私家车，采用"分时共享、自助租赁"的运营模式，按时付费，以流通共享为原则。同时，强调建立车辆运转平衡管理系统，基于城市科学理念的公租车辆运转动态平衡系统设计，包含公租车实时监控与调配，立体、高效、分级式的智能车站车辆自运转系统，跨区域城市车辆自链接与调配运送系统（图4-49）。

第四，关于项目进程。上述七个板块项目研究内容的复杂度和难度，决定了项目进程中的组织工作变得非常重要，为此，本项目组提出了有针对性的项目组织计划。由中国美术学院、香港科技大学、北京大学、杭州市政府等构成的浙江省文创设计制造业协同创新中心（简称协创中心）牵头引领并协同项目工作，负责整体项目的愿景建构，协创研

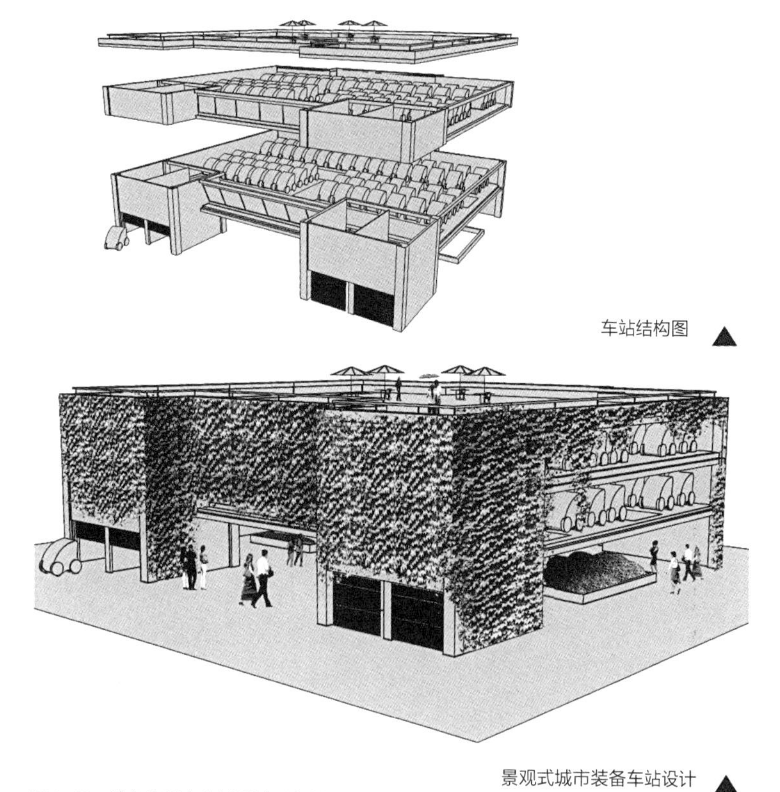


图4-49　城市公租车车站设计示意图

发团队的组织与对接，主动引进核心技术，再研发并创造的新自主专利，以及落实设计制造的本土化、成本控制与管理、电动车辆标准、网络平台服务等分工协作与研发进程。

首先，提出项目分工协作计划，如杭州市政府负责组织专家对项目作专题调研考察、论证、规划与立项，出台相关法规，并争取省政府乃至国务院支持，批准杭州作为公租车系统试点单位。中国美术学院负责整体项目管理和愿景系统建构，保持与政府的沟通协作，以及与城市有关的参数采集、网络平台界面设计、用户研究和公租车本土化设计等。香港科技大学负责工业工程、信息系统与相关技术的研发，以及车辆设计、制造优化与产品落地。北京大学负责政府公共策略研究，杭州模式向中国城市系统输出品牌及策略研究。麻省理工学院负责基于按需设计的顶层系统架构、整体交通生态体系规划，以及新型电动汽车、三轮助力车的原理与相关技术的创新研发。运营与管理部分由杭州市经信委、规划局、建委、交通局、交警、城管、西湖电子等与上海北斗导航平台公司合作，协同建设杭州城市公租车高精度的定位、监控、管理与运营系统。电动汽车制造部分由协同中心与杭州汽车制造商共同开发杭州公租车系列车型。供电与配送部分由国家电网、市电力局、万向集团、西湖电子协同建设服务站点，以及配送运行系统。

其次，拟定项目研发进程（图4-50）。本项目首先聚焦车辆与城市两个核心领域，计划组织一个跨学科、多专业的国际Workshop，通过分组分专业的再深入调研，包括法律法规、道路规则、产业规范、生活方式、客户需求等，形成一份项目协同创新设计系统指南，并进行系统评估与测试，拟定车辆与城市两个核心团队计划。城市团队针对城市、交通、工业设计、机电、计算机、公共艺术、运营管理等专业领域，采用国际专家组队的方式，力争在半年左右完成概念系统模型，并与车辆研发、测试与运行接轨。车辆团队针对机器人车轮系统、电池和电池管理系统、线控技术、可折叠底盘等四个关键系统，采用并行推进的研发方式，力争一年半完成三个系列的样车设计，继而进入产业化阶段。

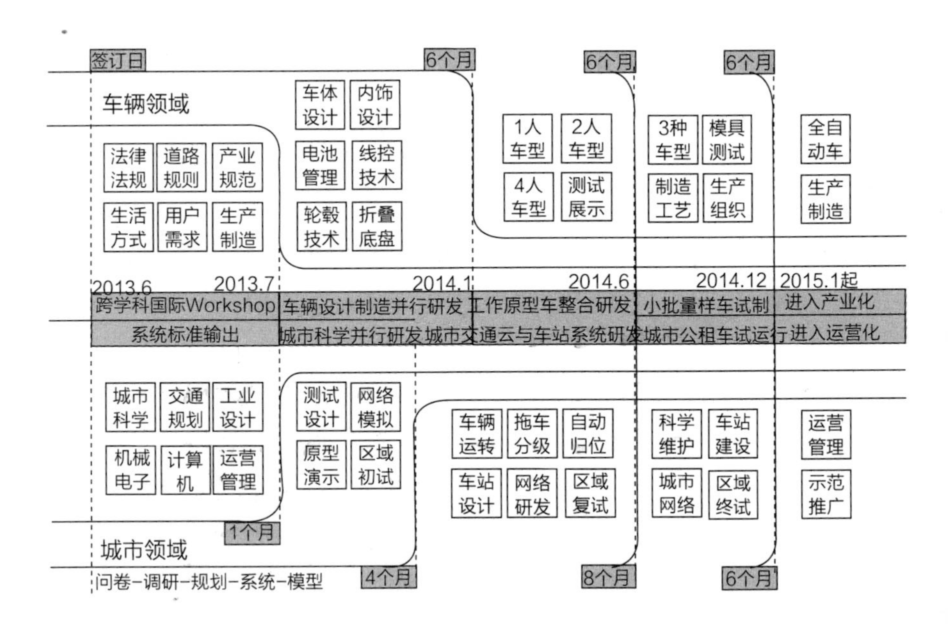

图4-50 城市公租车项目并行研发进程计划

第五，关于项目小结。杭州城市公租车系统项目的牵涉面极为广泛，从单位类型来说，有杭州市经信委等多个政府部门、国家电网等中央国企，青年汽车集团等民营企业、中国美术学院等国内高校，香港科技大学等港澳台高校，以及麻省理工学院等国外院校；从技术难点来说，有公租车智能系统平台关键技术，城市站点生态系统技术，电动汽车整车制造技术、电池技术、轮毂电机技术、电控技术等方面的关键技术；从项目执行来说，有中国人城市交通出行习惯，用户素养与出行观念的研究与培育，城市交通路权重构，公租车站点规划布局，以及政府决策与项目资金投入等，总而言之，这是一个实施难度极高的项目。事实上，迄今为止，从本项目启动、调研、交流到项目研究展开，已历时超过一年，但距离研究、深化、生产、制造乃至运营依然遥远。尽管如此，笔者认为，这个杭州城市公租车系统项目探索给我们展示了一种面向城市问题的大跨界、大产业视野下的顶层系统设计思路，通过积极调动各种资源和技术力量，以协同创新的方式建构一种具有社会创新性的系统设计解决方案与工作方法。

（二）杭州城市公共自行车系统设计实验

虽然已在第四章第一节的杭州“十纵十横”城市公共设施系统设计实践中有所提及，但是，杭州城市公共自行车系统设计的内涵已经超出了公共设施本体系统设计所关注的如产品种类梳理、两杆两亭、多箱合一等内容。实质上，这正如杭州市前市委书记王国平所说：提高公交的分担率，关键是要解决末端交通的问题，也就是公交系统“最后一公里”问题。[1]而公共自行车系统设计的根本使命就是解决“最后一公里”的城市交通问题，在这个意义上，公共自行车系统设计作为本章的案例是合适的。这也反映了在第三章第三节中所提及的城市公共设施系统设计体系的浮岛特征，即在实际的项目中有可能出现直面城市生活问题，并以各种方式突破系统层次障碍的设计创新与系统活化。

就杭州城市公共自行车系统设计而言，在杭州城市公交车、地铁、出租车、免费单车、水上巴士等五位一体的公共交通系统中，“最后一

[1] 邓国芳：《加快公共自行车交通系统建设 切实解决公交最后一公里问题》，载于《杭州日报》，2008年3月21日。

公里”的出行并不是一个远距离交通的事情，那么，与其选择相对经济成本更高、管理更复杂的机动车，不如选择经济相对实惠、管理相对简单的自行车作为一种合适的公共交通工具。另外，与已成为杭州大气主要污染源的机动车相比，作为一种绿色交通方式的自行车，不仅能节约能源，还能减少大气污染，改善城市大气质量，让杭州老百姓看到更多的蓝天白云；同时，通过使用公共自行车，人们可以把上下班出行与锻炼身体有机结合起来，提升健康生活质量。[1]同时，杭州还是一个中外知名的旅游城市，西湖的免费开放，至今仍为广大市民和中外游客所赞赏，建立免费公共自行车交通系统必然进一步提升城市知名度和美誉度。由此，建设免费公共自行车交通系统，是杭州缓解交通生活困境的一次必然选择。[2]

随着今天城市营建实践与探索的不断展开，城市公共设施系统的内容与要求均不断深化，城市呈现信息集合化和多功能复合化现象，城市公共服务趋向更人性化、生活化、细微化。为解决最后一公里交通问题而诞生的免费公共自行车交通系统，正是这样一次面向城市问题、生活需求的设计应答，有效提高了城市人们交通出行的机动性、可达性，真正体现了杭州“以人为本、以民为先”的发展理念，也是一项重要的便民，利民的实事工程。

对于以物质化产品为主体的城市公共设施设计而言，这也是一个从产品物质功能向社会服务进行设计转换的重要案例。杭州公共自行车系统依托杭州公共交通体系，按照“政府引导、公司运作、政策保障、社会参与”的原则构建，系统包括了自行车亭、自行车、锁止器、读卡器等，第四代公共自行车系统还纳入了旅游咨询亭、出租车扬招站和多媒体服务等内容，如图4-51所示。并且，随着城市需求不断升级完善产品服务功能和范围，[3]最终，这个项目能够得以实现，并极大促进城市人

---

❶ 王军荣：《免费公共自行车凸现城市管理之美》，来源于中青网，2008年3月25日，网址：http://www.youth.cn/zqw/xw/sywp/200803/t20080324_671637.htm。

❷ 李正浩：《城市公共自行车租赁站远期发展规模分析》，载于《交通节能与环保》，2010年6月，第46页。

❸ 姚遥、周扬军：《杭州市公共自行车系统规划》，载于《城市交通》，第7卷第4期，2009年7月，第31页（杭州市城市规划设计研究院）。

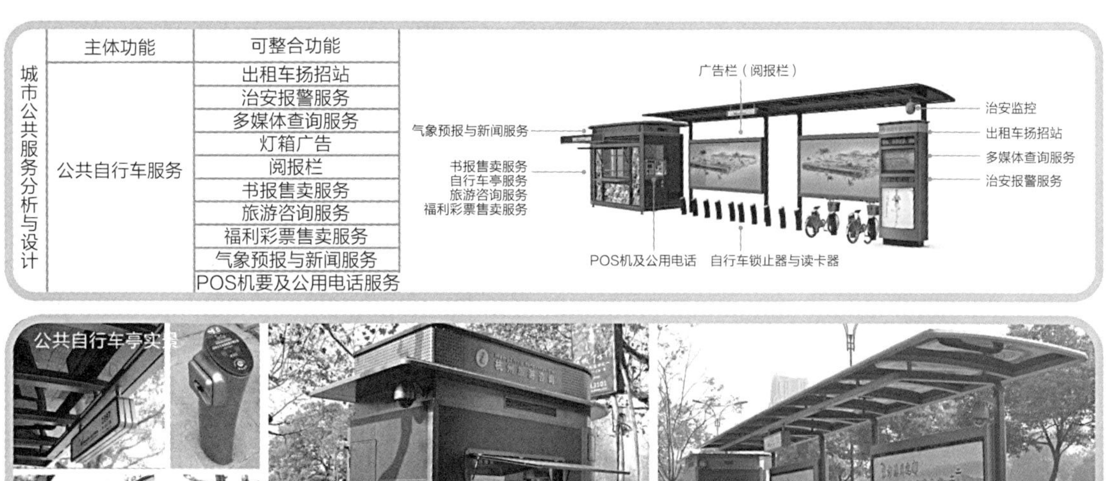

图4-51　第四代杭州公共自行车服务系统

们交通出行的便捷性，赢得广泛的社会赞誉。笔者以为，这首先应该归功于杭州市委市政府的大力推进，以及王国平先生不遗余力、精耕细作式的工作。事实上，第一代公共自行车系统设计早于“十纵十横”项目时间，当初的设计项目就是在王国平先生的领导下，包含杭州融鼎科技有限公司等公共自行车租赁系统研发单位，以及中国美术学院宋建明教授主持、周波老师等参与的设计团队，而笔者在“十纵十横”项目中的公共自行车系统可称之为第二代公共自行车系统。从另一个角度讲，这个项目的成功也证明了第四章第二节所论述的面向城市运营管理的产品系统设计中所提出的观点，城市公共设施设计具有“设计师+城市管理者”的双设计师主体特征，及其在设计实践中的重要性。

（三）杭州城市高架绿化系统设计实验

从城市公共租赁电动汽车系统项目到城市公共自行车系统项目，均可以归属为一类规模相当庞大且对城市生活产生重大影响的项目。但是，城市生活问题并不只有这一类偏于宏大性叙事的话题，也存在众多相对较小、甚至并不起眼的问题关注点，对于这一类问题的解决，同样会对城市人的生活产生直接的影响。

我们常说，城市是一个钢筋水泥的丛林，这反映了在今天的城市中严重缺乏绿化的问题，或者说，生活在城市中的人们，总是觉得身边的绿色太少，这就是问题，一个容易被我们的熟视无睹、习以为常而忽视的生活问题。解决问题的出发点是如何合理利用城市立体空间提高绿化率，尽可能使城市回归到一种绿色生态品质的生活环境。

在这里，以杭州为例，我们抛开大型的城市绿地公园等不谈，其实在杭州城市里，管理者已经做了大量繁琐、细碎的绿化工作，包含地面绿化如花坛、树池、树围，立体绿化如悬吊式绿化、抱箍式绿化、屋顶绿化、垂直绿化等，各有特色，也各有优缺点，适合不同的情况应用。但是，关注城市绿化的城市老百姓、园林工人、专家、媒体等依然不断提出各种意见，基本都在表达一种对更多城市绿化的期待和愿望（图4-52）。

图4-52　常用城市绿化生活系统相关类型调研

常用城市绿化生活系统相关类型调研

| 类别 | | 现状图录 | 特征概括 |
|---|---|---|---|
| 地面绿化 | 花坛 | | 空间可变性强、灵活性、批量化，但移动过程需要大型设备配合，缺乏自身移动机构 |
| | 树池 | | 实用，景观效果好，植物存活几率大。但占地面积相对大，且不易移动 |
| | 树围 | | 景观视觉效果好，可配合地下储水系统进行自动灌溉，但需要土建工程配合。 |
| 立体绿化 | 悬吊式绿化 | | 占地面积零，立体绿化，但安装维护过程复杂，且植物不易存活，需定期更换。 |
| | 抱箍式绿化 | | 占地面积零，立体绿化，但安装维护过程复杂，且植物不易存活，需定期更换。 |
| | 屋顶式绿化 | | 零占地面积，充分利用建筑顶面。但植物不易存活，需定期更换，且过程繁琐。 |
| | 垂直式绿化 | | 零占地面积，充分利用建筑顶面。但植物不易存活，需定期更换，且过程繁琐。 |

图4-53

一方面，杭州近年来一直在建设低碳、节能、环保的绿色城市；另一方面，随着城市空间中土地资源的紧缺与规划土地潜力的逐步挖尽，绿化开始向城市立体空间发展。比如，建筑物屋顶及比屋顶面积大两倍的墙面，占城市道路面积30%左右的背街小巷上空，占城市总面积8%的河道及河岸驳坎立面，高架桥的立柱与底面，每个家庭的窗台、阳台等城市立体绿化（图4-53）。[1]城市立体绿化是从对传统单一的地面绿化面积追求，转向城市空间绿化立体浓度的绿色革命。与传统地面绿化相比，其具有成本低、效果好、应用广泛等特点，是有效增加城市空间绿色面积、降低温度减轻热岛效应，以及节约能源低碳环保等的重要辅助手段。[2]

本设计对城市绿化中的垂直绿化、棚架绿化、河道绿化、屋顶绿化、地面绿化等方式，从可用空间、占地比、每平方米成本比、研究载体等方面进行比较（图4-54），认为棚架类绿化具有可应用灵活性好、成本相对较小，且现有空间利用不足等特点，针对无法通过地面绿化种植以提供遮阴环境的城市空间，比如城市高架桥及其桥面，提出一种旨在解决高架桥面绿荫问题的立体化、模块化的生态棚架绿化系统方案。

图4-53　城市立体绿化举例说明

图4-54　城市绿化载体类型比较研究

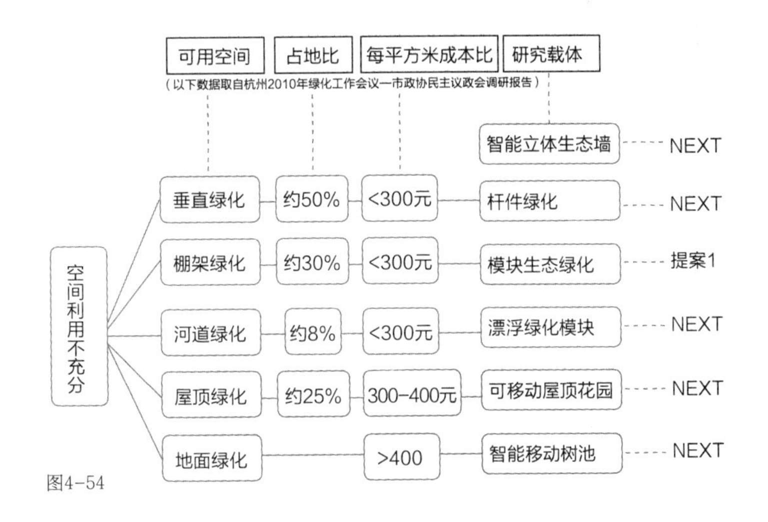


图4-54

[1] 吴文良、任敏：《让立体绿化增强城市的呼吸功能》，载于《杭州（下旬刊）》，2010年11月，第45页。

[2] 欧燕萍、范东升：《杭州如何顺畅“呼吸”—民进市委会建议全力推进立体绿化》，载于《联谊报》，2010年12月4日。

最终，本设计方案以透空式六边形为基本模块，并细化拆分为A、B两种单元模块，采用多种垂直立体绿化技术，选用凌霄花、紫藤、日本无刺蔷薇、爬山虎、豆角等爬藤类植物，根据不同路段对行驶视线要求、防风要求以及遮阴要求的不同，形成进行多模式组合，以期尽可能地在高架桥上形成一种阵列式绿化矮墙的情境，如图4-55所示。

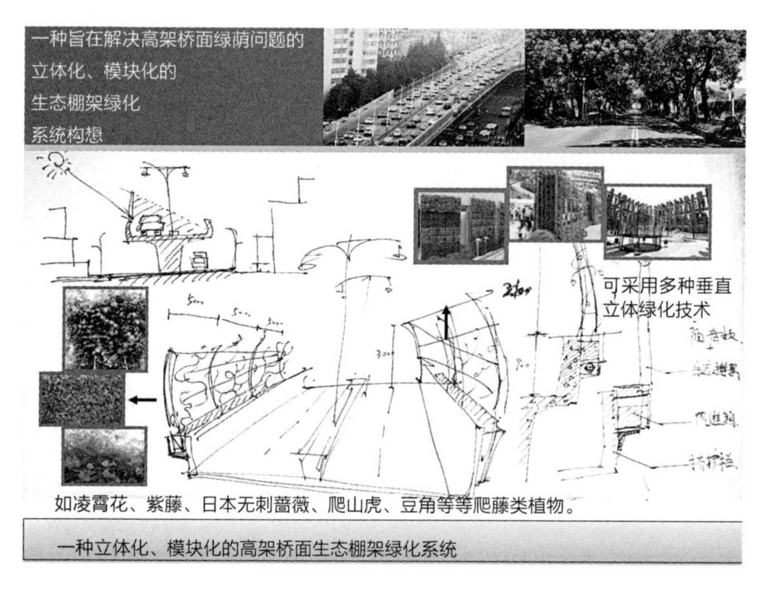


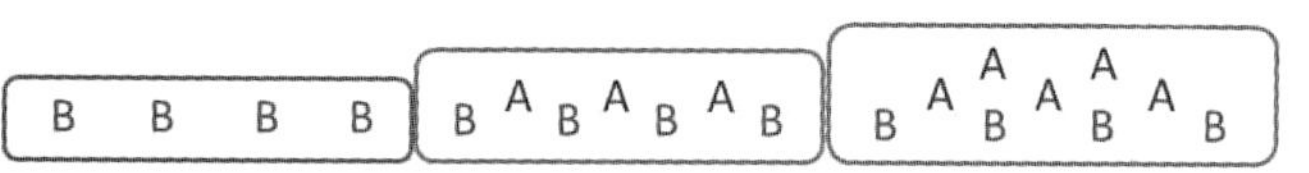

图4-55 立体化、模块化高架桥面生态棚架绿化系统设计

# 第五章

# 结语：走向一种为大众的城市公共服务产品设计

第一节　面向城市与产业的跨境系统设计

第二节　走向一种为大众的城市公共服务产品设计

第三节　展望未来

作为一名工业设计师，回顾过去十多年的设计实践工作，参与了大量与城市公共设施相关的设计项目。坦率地说，大多数以任务为导向的实践项目，由于时间、经费、工作量等各种客观原因，几乎都呈现一种极为务实的工作情况，甲方满意、效果不错等成为现实世界中设计实践活动的基本面。

尽管，在设计实践过程中，也得到了诸如在中山路城市有机更新项目中杭州市政府对其“城市家具设计世界一流”的称赞，以及城市公共设施服务产品系统整体打包入选了首届中国设计大展等多方面的肯定。但是，当我们静心思考、审视已经转化为现实的城市公共设施设计，它们指向为大众服务、为城市细节增彩，注重公平性、通用性、安全性、合理性、效率性等基本设计要素，在与追随时代脉搏的如可穿戴式智能系统、云服务设计平台等课题，以及挖掘传统文化的如民间手工艺保护、传统升水器械系统等课题相比时，存在时代前沿性不够强、传统文化厚度不够深的局面。对于伟大的城市规划、建筑设计研究领域，这种城市公共设施设计更是显现了其非主流、边缘化的弱势地位，从根本上讲，这是一种日常生活化的、平凡的设计实践活动。

但是，笔者以为，正是诸如此类平凡的设计实践，在不断改善着我们的城市、生活与环境，设计恰如一盏街边的路灯，以一种默默关怀的方式，使得成千上万的人们在不经意中享受着一种社会的温暖与便利，这也是本书进行设计研究的基本意义所在。回到设计就是解决问题的基本论断，面对城市形象同质化与公共设施形态失序、产品生产制造与城市运行管理系统对接乏力、城市人们生活需求与城市建设系统更新滞后等诸多呈碎片化状态的现实问题上，本书在系统论方法的指导下，力求厘清城市公共设施系统中的各种问题、内容与关系，聚焦公共服务产品的设计本质，提出走向一种为大众的城市公共服务产品设计。

# 第一节　面向城市与产业的跨境系统设计

城市公共设施作为一种为城市生活需求提供服务的公共产品，兼具城市和产业的双重属性。当然，城市和产业这两者需要经营与管理，让我们暂且把两者相通、相似之处放下，回顾本书关于公共设施设计讨论的过程，从本体系统、外延系统到顶层系统的设计实践与研究，清晰地显现了城市语境与产业语境对于公共设施设计的不同影响。以城市语境为导向的设计更强调地域、场所与建造等词汇，而以产业语境为导向的设计更关注市场、产品与制造等词汇。概而言之，城市公共设施设计跨越了城市与产业两大领域，城市语境与产业语境在不同的设计阶段有着各自不同的侧重和设计导向，两者既存在不同之处，又相互关联、相互促进，如图5-1所示。

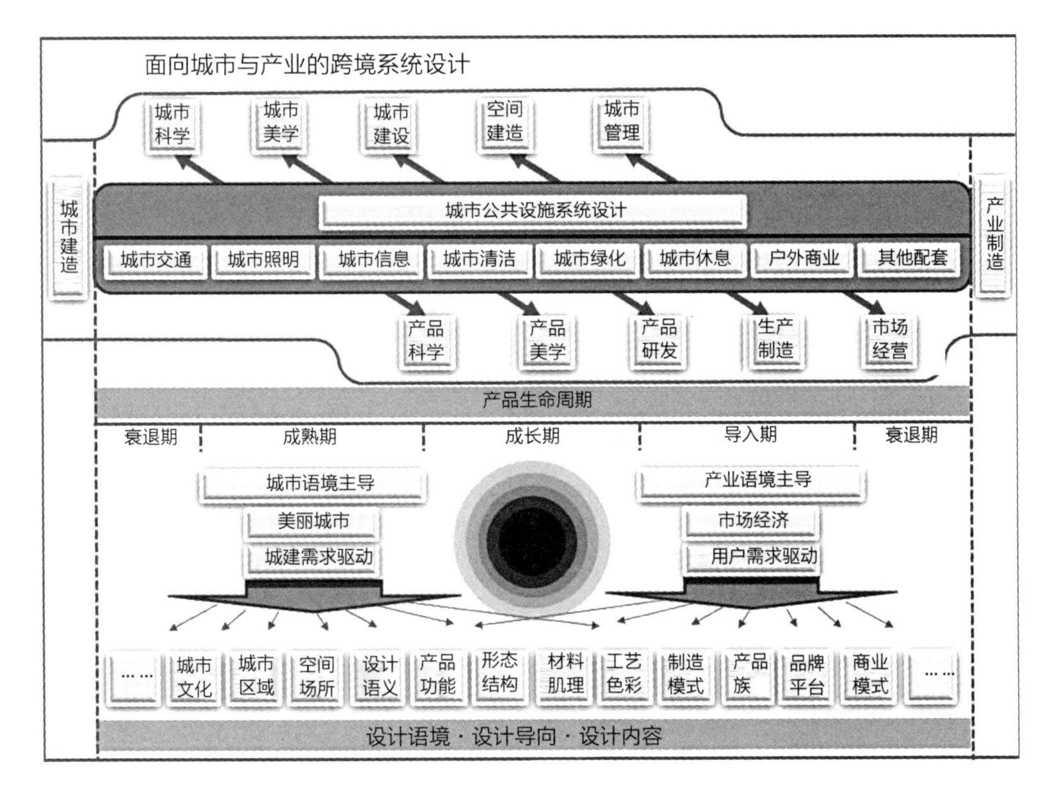


图5-1　面向城市与产业的跨境系统设计图解

当我们说杭州已建城一千多年时，这里包含着城市是一种建造的内涵指向。正如格罗皮乌斯坚持"有建造则有建筑"的设计逻辑，他注重基于建造理念的国际式建筑实践；而世界著名的建筑设计大师密斯·凡·德·罗（Mies van der Rohe，1886~1969年）也同样如此，他执着于建造本身而非仅指建筑形式。建造一词是由地质学中的英文"formation"翻译而来，《地震学辞典》中的建造即指地质建造，意为建筑地壳的材料在自然界中有规律的共生组合。[1]《汉英大辞典》也指向地质建造概念，以及建筑学中的英文"construct"、"build"等含义。大致上，建造可用诸如形成、构成、结构、修建、构筑、建立等词语作为主要释义，显然，建造概念对于现代主义建筑师而言极为重要。当然，并非所有的人都如此认为，比如伦敦建筑联盟学院佩德罗·伊格纳西奥·阿隆索在其《反思制造》一文中说："当建筑师专注于建筑与工业之间的对话时，用于描述这种关联的语汇却不再是'建造'，而是'制造'了"。[2]事实上，建造与制造都具有指向物质实现的特征，两者的确存在着相关联之处，尤其是在设计由技术转向意识形态或者将图像理解为产品等诸如此类的思路时。但总体而言，在当下大多数的建筑学院中，无论是建筑设计专业、城市设计专业还是景观环境设计专业，建造依然是他们最为核心的基本概念。

我们可以说城市是一种建造，但不会说产品是一种建造，而会说产品是一种制造。显然，产品、产业与制造之间的关系更为紧密，正如巴考·雷宾格所说：只有在工厂里才能生产"制造"组件的机器。并宣称工厂中的各种生产实践都明明白白属于制造范畴。[3]制造的本意是把原材料加工成产品或器物，比如，南朝梁简文帝在《大法颂》所言："垂拱南面，克己岩廊，权舆教义，制造衣裳"。[4]一般来说，基于制造的产业可统称为制造业，从历史发展的角度看，制造业的趋势是从手工制造业向机械制造业、从家庭作坊制造向企业工厂制造演进，在商业社会中，

---

[1] 徐世芳、李博主编：《地震学辞典》，北京：地震出版社，2000年8月，第223页。

[2] 佩德罗·伊格纳西兴·阿隆索：《反思制造》，载于《新建筑》，2010年第2期，第7页。

[3] Barkow Leibinger, *Atlas of Fabrication*, London: AA Publications, 2009.

[4]（清）严可均：《全上古三代秦汉三国六朝文》第五册，《全梁文》简文帝卷十三，北京：中华书局，1965年，第135页。

制造业及其产品的教义是大批量生产，并通过市场流通环节，以获取尽可能多的利润。今天，我们谈论“从中国制造到中国创造”，也是指向制造业自身的发展要求。

显然，建造与制造在现实环境中存在的意义与指向不同，与其相关的设计要求也往往不同。一方面，基于建造理念的城市对于其相关设计有着自身的规律和要求，通常，关于城市的设计包含城市规划、建筑设计、景观与环境设计等类型，由城市的外部空间到内部空间、由大及小逐层分工，考虑各类型城市设计的区域功能划分、经济业态分布、建筑形态、空间关系、景观意象、车流人流线路以及各种建设指标等内容。其中，景观环境设计与城市公共设施设计相对接近，后者有赖于前者所提供客观物质空间而存在，于是，在城市建造语境下的公共设施设计更多被城市科学、城市建设、城市美学、空间营造、城市管理等方面内容和要求所影响。

另一方面，基于制造概念的产业对于其相关设计也有着自身的规律和要求，通常，关于产业的设计包含产业规划、商业策划、品牌营销、技术研发、生产线设计、产品设计、服务与维修等类型，同样由宏观至微观进行分工细化，不同类型的设计要求差别较大，产业语境中的各类工作具有相当大的设计跨界度，涉及经济学、管理学、机械工程学、计算机科学、设计学等内容。其中，产品设计与公共设施设计相对接近，在产业语境下的公共设施设计需要更多考虑用户需求、市场机会、商业模式、技术可行性、产品可用性与好看性等内容要求。

上述论述说明了城市语境导向与产业语境导向下的公共设施设计的重点、内容与要求的确存在着很大的差别。但是，两者都面向城市交通、城市照明、城市信息、城市清洁、城市绿化、城市休息、户外商业以及其他城市配套等城市生活系统需求而进行设计研究。我们可以借助产品生命周期的理论来解释两者是如何围绕着城市生活需求展开设计，在城市公共设施产品生命周期的导入、成长、成熟、衰退等不同时期，城市语境和产业语境扮演着不同的主要或次要角色，形成一种不断交替主导、共同作用的格局。

比如，在导入期，由于社会、经济与技术的不断发展，现有城市及其公共设施不能满足城市人们生活的需求，出现了诸如行车难、停车难、打车难等各种城市交通问题，于是，各种公共租赁电动汽车、快的打车等公共设施系统的设计研究与产品服务应运而生。此时，这类新生的公共设施项目往往是在产业、企业主导推动下发生的，例如浙江康迪车业推出的分时租赁电动出租车、立体车库及其服务网点，以及阿里巴巴网络有限公司旗下的快的打车产品与服务，均充分体现出在市场经济竞争中企业对于商业机会敏锐的嗅觉和强烈的追逐。当然，具有积极进取意识的政府同样可能准确抓住需求，通过政府主导、企业主体等双管齐下的方式，推进公共设施系统创新，比如杭州城市公共自行车系统项目。通常，这类公共设施设计属于用户需求驱动型，设计重点在于发现需求、解决需求，通过产品创新、技术创新、商业模式创新等关键途径，实现从设计、产品到市场的价值转化。

再如，在成熟期，城市现有的公共设施能够基本满足并适应人们的生活需求，其产品与市场需求处于相对稳定的状态，如路灯照明、公共座椅、垃圾桶、公交候车亭等，同时，其相关技术也处于相对稳定的状态。此时，这类公共设施项目往往是伴随着城市建设的发展而展开，在城市建委等部门的主导下，结合当下“美丽城市”建设需求的驱动，设计重点在于梳理城市历史文脉、凝练设计语义、创新产品造型，通过街道空间场所布局、整合相关公共设施种类等途径，实现设计、产品在城市中的应用与推广。

另外，成长期的公共设施设计处于上述两者的中间过渡状态，其变化的情况较为平稳。从设计内容事理推演出发，由于成长期是跟随着导入期而变化，往往偏向产业语境主导下的设计，比如本书第四章第二节的大批量个性化定制产品族设计、面向城市运营管理的产品系统设计等研究案例。而衰退期则处于旧有事物退场与新生事物登场的临界点，退一步则继续停留在以城市语境为主导的成熟期，进一步则进入新的公共设施导入期。

综合上述，城市语境主导与产业语境主导的设计的主要任务与重心不同，这也反映了城市领域与产业领域相关研究存在的学科差别，但两者都面向城市生活需求，以产品生命周期的导入、成长、成熟、衰退为线索，形成各有侧重、各司其职、互相影响、互相支持的系统设计，同时，两者具有共同的基本任务，即为城市人们生活需求提供一种公共服务，这也是联结两者的核心所在。另外，相对于从景观设计、环境设计到公共设施设计的专业跨界，以及从经济学、管理学、机械工程学、计算机科学到设计学的学科跨界，从城市到产业可视为是一种境域跨界，其中，境是指边界、环境，域是指领域、区域，由此，我们提出城市公共设施设计是一种面向城市与产业的跨境系统设计。

## 第二节　走向一种为大众的城市公共服务产品设计

为城市人们生活需求提供公共服务是城市公共设施设计的核心内容，公共服务是21世纪政府改革的核心理念，在广义上讲，从城市公共服务到农村公共服务，从社会、经济、市场到公共设施等，其内容极为广泛，本书主要是关于城市的公共设施设计的研究与探讨。

一般来说，城市公共服务主要包含教育、科技、文化、卫生、体育，以及公共设施建设等公共事业。[1]总体而言，面向城市公共服务的设计领域与范围极为广泛，其社会意义极其重要，正如中央美术学院许平教授所说："公共服务设计是当代服务设计中一个极具潜力的分项，是现代设计发展前景可观的新领域；对于国内而言更是推进和谐文明与公共管理素质的机遇。"[2]但是，目前公共服务设计在我国尚处于刚刚起步

---

[1] 陈昌盛、蔡跃洲：《中国政府公共服务：体制变迁与地区综合评估》，北京：中国社会科学出版社，2007，第70页。

[2] 许平：《公共服务设计机制的审视与探讨——以内地三城市"设计为人民服务"活动为例》，载于《装饰》，总第206期，2010年6月，第18页。

的新的设计研究阶段，还未形成统一的定义、内涵与范畴体系。

本书在城市公共设施系统设计研究的基础上，根据公共服务的非排他性、非竞争性等基本特征，结合其相关内容和形式，认为公共服务可分为工程性公共服务、经济性公共服务、社会性公共服务，以及公共安全服务四大类型。

简要地说，经济性公共服务是指为个人、机构、企业等从事经济活动所提供的各种公共服务，包含指向公用事业的公共生产、科技推广、咨询服务、公共补贴与政策性信贷等。社会性公共服务是指为城市人们的社会发展活动提供包含教育、医疗、文化、体育、社会福利与保障等服务。公共安全服务是指为城市人们提供各种社会安全服务，比如军队、警察、公安等相关方面的服务。另外，工程性公共服务主要可包含城市基础设施公共服务、狭义的城市公共设施服务两个部分，其中，前者是指提供能源、给水排水、交通、邮电通信、环保、防灾等六类城市建设基础性服务；后者是指为城市人们日常户外生活提供城市出行、城市照明、信息交流、环境卫生、景观绿化、休息停留、小吃小商、应急救援及其他公共配套服务等。

公共服务设计是一个新的设计研究领域，而服务设计同样也是一个发展历史相当短暂的研究领域。服务概念属于经济学范畴，而设计概念属于设计学范畴，由服务与设计二者概念结合而成的服务设计兴起于20世纪90年代，英国标准协会于1994年发布了世界上第一份关于服务设计管理的指导标准（BS7000-3 1994）。此外，服务设计概念最初与工业设计有着紧密的关系。

事实上，服务设计也同样未能形成统一的定义，其基本特点是将设计学的理论和方法综合运用到服务活动中，正如李冬博士所言：服务设计是以客户的某一需求为出发点，通过运用创造性的、以人为本的、客户参与的方法，确定服务提供的方式和内容的过程。[1]一般来说，服务系统由客户、服务员工、服务流程、基础设施和信息监控与处理等组成。[2]

---

[1] 李冬：《服务设计研究初探》，载于《机械设计与研究》，2008年06期，第7页。

[2] HAJOA. Reijers, *Design and Control of Workflow Processes*, *Business Process Management for the Service Industry*, *Springer*, 2003.

另外，从服务设计的相关要素来看，大致可包括服务传递过程、服务设施、服务情境、服务能力、服务质量、服务信息等内容。显然，与产品设计相比，服务设计更接近设计管理类型，由于服务的无形性特征，其服务设计也同样表现为无形性，且通常服务不具有存贮性，服务质量也更加难以控制和量化，比如百货公司售货员们的微笑服务质量便很难通过量化的方法进行设计、控制和实现。

于是，对于本书的研究来说，与其把城市公共设施设计视为一种广义的城市公共服务设计，不如把其作为一种具有服务内容要求的城市公共服务产品设计，更为符合公共设施自身所具有的有形性、存贮性与可量化性等基本情况与要求。按照“现代营销学之父”菲利普·科特勒[1]（Philip Kotler）所说：产品是市场上任何可以让人注意、获取、使用，或能够满足某种消费需求和欲望的东西。在这个意义上说，产品包括有形的产品和无形的产品。[2]同时，我们也可以把产品分为三种类别：一是物质产品，如表现为有形的公共租赁汽车产品；二是信息产品，如表现为无形的快的打车软件产品；三是服务产品，如打车软件所提供的快速便捷预约式打车系统服务。由此，公共设施设计也可演化为“产品+服务”的设计。

综上所述，一方面，由于城市公共服务所包含的工程性、经济性、社会性、公共安全等公共服务类型之间的领域跨度极大、内容复杂、形式多样，且各有不同的发展规律，如信贷、教育、医疗、社会福利乃至军队，设计或者说产品设计很难一言概之；另一方面，鉴于城市公共设施所具有公共服务的产品属性要求，因此，从设计学科的视角出发，本次设计研究主要面向工程性公共服务类型中的狭义的城市公共设施服务，并以相关产品作为研究载体，探索其设计内涵与规律。

[1] 菲利普·科特勒（Philip Kotler）博士生于1931年，是现代营销集大成者，被誉为“现代营销学之父”，现任西北大学凯洛格管理学院终身教授，是西北大学凯洛格管理学院国际市场学S·C·强生荣誉教授，具有麻省理工学院的博士、哈佛大学博士后，及苏黎世大学等其他8所大学的荣誉博士学位。同时，他出版了近二十本著作，并为《哈佛商业评论》、《加州管理杂志》、《管理科学》等第一流杂志撰写了100多篇论文。

[2] 李政、张赟、顾浩：《复杂金融产品的设计方法》，载于《商场现代化》，2009年18期，第95页。

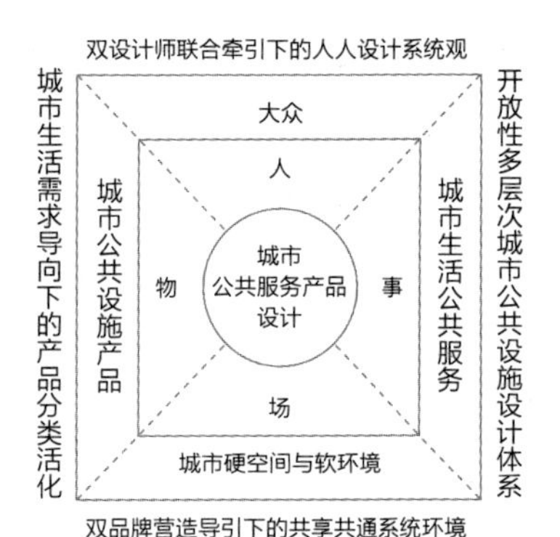

图5-2　为大众的城市公共服务产品设计图解

城市公共设施设计讨论线索由此发生转向，即从关于公共服务设计的讨论，转向为城市生活提供公共服务的产品系统设计研究，实质上，这回到了设计作为一种人为事物的基本研究体系。对于公共设施设计而言，“人、事、场、物”四大要素得以重装上场，同时，围绕着城市人们日常户外生活系统需求，走向一种为大众的城市公共服务产品设计，如图5-2所示。

## 一、双设计师联合牵引下的人人设计系统观

通常，在城市公共设施设计中，有两种人在一开始便被赋予了设计的使命，一是政府管理部门的相关人员，二是接受政府项目委托的设计师，但是，由于习惯于既定的社会分工，使得两者往往仅扮演任务发布者与任务接受者的角色。一方面，比如在本书第四章第二节中从城市管理到城市服务所谈到的城市公共设施“重建轻管”等现象，这是典型的政府官员在其任期内完成任务的本位主义思想导向的一种反应；另一方面，设计师往往首要考虑的方式是如何应对项目任务书，以顺利完成设计任务为导向，这在无形之中存在着一种设计的被动性。上述两者在公共设施设计这件事情上的不同表现，实际上折射出被商业社会整体环境裹挟下的设计观念与社会责任的迷失。

莫里斯、格罗皮乌斯等设计先驱所提倡的为大众的理想化的设计，似乎已经无奈地成为一种过去式，诸如许平教授所推动的“设计为人民服务”等活动更像是一种少数人的呐喊，还有美国的设计理论家维克多·帕帕耐克（Victor Papanek）在20世纪60年代其所著的《为真实世界的设计》（Design for the Real World）一书中尖锐地指出，西方的设计界充满了欺骗、浪费、虚伪等陋习；但是，无论如何，商业社会有着自身的发展规律和价值所在，其力量是如此强大，乃至不可阻挡，过去百年设计历史的演变已充分显现出这一点。在这里，我们姑且不去评价商业社会对于消费类产品及其设计影响的好与坏、功与过等问题，而仅就城市公共设施设计展开探讨。

城市公共设施作为一种公共产品，具有非排他性、非竞争性等特

点，属于一种在很大程度上具有公益性的公用事业，其对象并非是为个人所私有私用，而是为城市中的大多数人所共有公用。这在事物的根源上决定了公共设施的设计价值观应该区别于其他消费类产品的设计价值观，不应被一种商业社会下的趋利式设计方式与习惯所影响。换句话说，在今天，城市公共设施设计更应该强调一种在当代语境下的为大众设计，包括设计服务对象、主位意识等内容。

首先是设计服务对象。简单地说，为大众设计就是为大多数人的设计，应该合乎大多数人的使用，这与商业经济竞争中强调的细分市场、细分用户、细分产品以赢得企业市场生存与获利的设计思路不同，城市公共设施设计更注重一种通用性设计，既能为城市白领、青壮年提供服务，也能满足老弱病残的生活需求，而且需要充分考虑使用人群在城市户外空间中的社会交往、公平、安全等要求，以及经济投入成本与产品使用效益的合理性。

其次是设计主位意识。在这里强调设计的主位意识，一方面，是因为在以货币作为结算的经济流通领域活动着的设计，往往由于项目经费、设计成本等因素制约，而习惯于一种被动式的、为完成某一设计任务而设计，设计处于一种天然的客位，中国的设计师们很少有主动去控制、把握设计所最终服务对象的行为，当然，这也是当设计作为一种服务业时容易遭遇的普遍情况；另一方面，政府管理部门也是如此，为建而建、为管而管、重建轻管等现象比比皆是，同样缺乏一种设计的主位意识。此时的设计师们尤其应该放下设计师的身段，以一种主动的姿态去和政府管理部门沟通，反之亦然，力求形成一种双设计师联合主体的格局。事实上，在前文的诸多设计案例中，比如中山路城市公共设施系统、公共自行车系统、工地围墙项目等，均显示了设计师应该与政府管理部门一起成为城市公共设施的主体设计者，共同设计我们的城市户外生活。

城市公共设施不同于一般产品，对于设计师来说，其设计的最终产品既是为客户、用户服务，也是为自己服务，存在着从为他人的设计到为自我的设计双重属性，政府管理部门也同样如此；在公共设施从设计、研发、生产、制造、产品、运营、使用、维修等过程中，生产者、运营者，以及普通城市老百姓亦不例外，无论是否成为参与设计过程的一员，均无法成为一种单向输出的对象角色。事实上，在杭州中山路城市有机更新项目的城市公共设施系统设计过程中，在延安路红楼进行了面向广大市民的设计方案展示与意见征集，尽管我们很难衡量其实际的公众参与效果，但是，这显现了公共服务应有的公民参与权利，体现了一种“我为人人、人人为我”的设计思想，正如马克·第亚尼（Marco Diani）所说，在后工业设计中的设计者注重设计的普通分享❶，也如中国设计理论家杭间教授在《设计的伦理学视野》一文中针对马克·第亚尼观点的加注：人人都是设计师。❷至此，所谓城市公共设施设计的双设计师联合主体概念，已经从设计师与政府管理部门走向设计师与企业、设计师与人人等。最终，重要的不在于双设计师是谁，而在于以一种主动设计的态度，展开城市公共设施设计思考，推进双设计师联合牵引下的人人设计系统观。

## 二、开放性多层次城市公共设施系统设计体系

旨在为城市人们户外生活诸如交通出行、环境卫生、信息指示等提供公共服务，是城市公共设施设计作为人为事物的核心内容，这是一件极具复杂性、系统性的事。面对城市及其公共设施千城一面形象的窘境、产品种类数量庞杂的挑战、城市系统运行管理提升的效率，以及城市生活系统需求的压力等现象，我们结合公共服务内容的情况分析，通过产品生命周期的映射、设计方法的迭代等两种设计研究视角的交织，对公共设施设计进行系统梳理与建构。

伴随着城市公共设施产品生命周期在不同阶段的表达，映射出为城市公共服务提供各种层次类型的实质内容，同时，也反映出城市公共设施系统设计方法与体系演变，参照事物发生发展的规律与研究方法，简述如下。

一是导入期与公共设施顶层系统设计。当城市户外生活出现各种

---

❶ 马克·第亚尼：《非物质社会：后工业世界设计》，滕守尧译，成都：四川人民出版社，1998：10-12。

❷ 杭间：《设计的伦理学视野》，载于《原乡•设计》，重庆：重庆大学出版社出版，2009年1月第1版。

新的情况如交通拥堵等问题，表明了现有城市公共设施系统不能给出良好的应答，基于公共设施作为一种公共服务产品自身具有的城市功能系统性要求，那么，我们需要从面向城市需求的顶层系统设计出发，对已有产品系统从其根源上提出系统更新诉求，导入一种新的产品子系统嵌入、重构已有产品系统，以更好地为城市生活提供服务。本阶段设计注重城市问题的系统性综合解决思考，涉及项目策划、产品设计、生产制造、市场运营乃至城市品牌、城市可持续发展等诸多设计内容。

二是成长期与公共设施外延系统设计。当城市公共设施系统在实际运行过程中遭遇各种瓶颈，比如产品制造的品质与效率、经营维护的效益平衡等问题，其公共服务的实现便需要基于已有产品系统进行涉及生产环节与市场环节等外延系统研究，以完成对已有产品系统的问题解决与拓展更新。本阶段设计关注产业链的上下游关系，主要涉及品牌、产品族、产品识别、标准化、模块化与城市运营、管理方式、商业模式等设计内容。

三是成熟期与公共设施本体系统设计。处于成熟期的公共设施通常能够基本满足城市生活的需求，生产制造技术相对稳定，且产品系统运行也相对完善；其公共服务主要通过公共设施的文化内涵深化、产品种类梳理、区域布局与空间布置合理等内容表达。本阶段设计主要强调城市文化、空间营造、设计语义、产品造型、材料肌理、工艺色彩等设计方法与内容。

综上所述，正如在本书第三章第三节的城市公共设施系统设计体系中所言，从公共设施设计的本体系统、外延系统到顶层系统，也是产品生命周期从成熟期、成长期、导入期乃至衰退期的不断循环更替发展过程，这是一个活化而非固化的系统，伴随着生活的不同需求，存在着跨越系统层次的多种设计可能。概而言之，城市公共设施设计是一种具有开放性、多层次、动态系统设计体系。

## 三、双品牌营造导引下的共享共通系统环境

从城市公共设施的城市与产业双重领域思考出发，在本书第五章第

一节的面向城市与产业的跨境系统设计中主要讨论了两者的不同之处，如城市更关注地域、空间与建造等词汇，而产业则更关注市场、产品与制造等词汇等；事实上，两者存在着一个相同的关注要点，即运营管理，这也是公共设施的一种非物质化形态的“场”，其指向的是公共服务软环境的营造。公共服务软环境的概念从社会学、经济学、管理学、品牌学到设计学等相当广泛，本书在设计学的视域下，主要从城市品牌与企业品牌在公共设施设计中的相互关系出发展开研究。如果说，上文所述关于双设计师联合牵引下的人人设计系统观，探讨了公共设施设计的双设计师主体问题，那么，公共设施产品同样存在着双品牌主体的现象。

正如美国盖布勒所倡导的建立以城市消费者为导向的服务型政府模式，应强调政府的服务性，而非带有某种居高临下性质的行政管理，而城市公共设施的本职任务是提供一种公共服务，多方合作必然是其基本的组织与实现方式。在这个意义上讲，尽管作为提供公共服务的设施，基本上是由政府或者公共资源投入，为城市人们提供生活所需的各种产品或服务，其产品产权归属于政府；于是，往往在过于强势的政府行政管理下，导致其公共设施设计简单倾向服务或满足于某一城市品牌形象的要求，而忽略作为公共设施生产者、运营者的企业品牌的设计诉求。

虽然从城市品牌出发对公共设施设计的要求会更偏向品相、实用、成本等，而从企业品牌出发会更偏向质量、效率、效益等，但两者不应被彼此孤立，甚至互相排斥。实际上，在每一件城市公共设施的身上，都打着城市与企业双重品牌的烙印，两者之间存在着一种天然的联结关系，如矗立在城市街头的一个候车站，既代表着城市细节的品质，反映着城市品牌的显性形象，同时，其产品的背后也体现着生产制造的水平，以及企业品牌的隐性价值传播，所以，两者应该携手共建，进而实现一种新的双赢。

从理想的角度来看，城市公共服务产品可以兼有公共生产与私人生产的双重优点，市场竞争的压力、生产利润的动力使得企业会努力以批量化方式降低成本、提高效率，同时，这种标准化的产品无疑有利于城市的系统化高效管理。

比如，除了历史名胜古迹等传统文化保护要求下的公共设施设计以外，我们可以通过从城市出发的诸如地域文化特征、设计语义、材料肌理、色彩标识等设计的显性因素，与从企业出发的诸如产品族基因、模块化、标准化等设计的隐性因素相结合，形成一种城市需求与企业诉求相互融合的系统环路；同时，由于公共设施部件、零件、元件的模块化、标准化等技术特点，可以在企业完成产品生产并交付使用后，有效地帮助城市管理部门更好地在未来城市长期发展过程中，进行各种城市公共产品的服务与维护，以及通过可更换、可拓展的模块化产品实现一种可持续发展。当然，这需要城市管理者与企业经营者达成一种大系统设计观念下品牌、产品、服务与管理等共同合作、共同发展的共识。

另外，从市场经济的角度，为城市生活提供公共服务产品，也同样孕育着各种新的商机。面向各种城市生活问题与需求，尤其在政府失灵的情况下，企业可以通过各种新产品研发，在帮助解决城市问题的同时，获取良好的经济效益回报，比如本书第四章第三节中关于旨在解决打车难问题的快的打车和滴滴打车的案例。如果说，最初的快的打车和滴滴打车等公司推出产品的确有效缓解了打车难的困境，以预约的方式提高了城市交通的出行效率，降低了出租车的空驶率，减少了汽车尾气排放，推进了能源利用的可持续发展。一方面使得这些打车软件公司名声鹊起并实现产品经济价值转化的同时，另一方面也促进了一个城市的品牌与形象建设。

但是，随着经济利益驱动的不断延伸，两者背后的投资企业阿里巴巴和腾讯公司之间的竞争开始愈演愈烈，而打车软件公司所采取的各种手段如补贴、加价、返还等，事实上已经逾越了城市公共服务产品的公平性等基本原则，以及由此产生的“抢单”等现象更是构成了安全性等隐患。于此，事情已经从解决打车难问题转向了争夺市场用户、抢占移动支付市场入口等经济利益问题，而城市品牌与企业品牌也由最初的互相促进、共谋发展转向了某种分裂关系。

由此，为继续推进城市生活解决方案的改善，也为了城市公共服务产品的市场良性与可持续发展，一方面城市管理者与企业管理者应该相互协商、共谋发展，另一方面也提醒我们城市公共服务产品的运营管理需要一种第三方监督机制，以促成在双品牌营造导引下的城市公共服务产品设计共享、共通系统环境建设。

## 四、城市生活需求导向下的公共设施分类活化

伴随着社会经济水平、产业结构、空间格局、城市文化和生活方式的变迁，以及先进的工业化技术、信息化技术在城市建设中发挥着越来越重要的作用，这使得城市人们的生活工作、企业经营发展、政府行政管理到城市公共设施等方方面面均发生了极大的不同。纵观人类城市化进程的历史发展过程，当一个国家的城市化率达到50%以上时，往往意味着城市发展由过去以满足城市人们生活生存为主的目标，开始转向追求城市生活品质的更高目标，城市建设由相对粗放型的、量的概念，转向注重文化、科技与生活的质的提升。对作为城市公共服务产品的公共设施而言，则意味着其物的内容与设计导向的变化。

生活代表着一种鲜活的生命力，生活品质是人们日常生活的品位和质量，而公共设施则是生活品质的重要物化载体。今天，公共设施的内容与要求不断深化，如城市公共服务细微化（解决一公里交通问题的第二交通免费单车系统）、城市信息集合化、多功能复合化等现象。[1]另外，新技术、新材料、新工艺迅速发展并不断被应用于公共设施领域中，使得其种类、内容、应用范围不断地翻新扩大。显然，我们不应再片面强调标志性建筑的城市建设观，而应更多关注城市细节的塑造，凸显丰富细腻的生活内涵，进而全面提升城市生活品质。

从系统论方法出发的公共设施研究，首先应该全面包容城市基础设施、城市家具、城市公共装备等内容与方式，如强调工程建设的基础设施，注重人文关怀的城市家具，以及凸显可移动、产业化特色的城市公共装备；同时，从传统“重建轻管”的城市建设固有习惯，转向围绕以城市生活需求为中心的公共设施系统设计观。

这种以城市生活需求为导向的思考，与服务型政府的改革理念完全一致。我们也可以就各种相关设计的思考问题关注尺度进行一次观察，

---

[1] 王昀：《寻找城市性格-杭州城市家具系统化设计》，载于《美美与共——杭州美丽城市与中国美术学院共建成果集》，2011年4月第一版，第161页。

通常，城市规划以平方公里为单位，建筑设计以米为单位，而产品设计以毫米为单位，这显示了从不同专业出发对城市生活需求回应的方式、角度不同。显然，对于联结城市与产业领域的公共设施而言，既应有宏观的设计规划，也须有微观的设计深化。事实上，城市日常户外生活需求往往呈现一种丰富的、多样的、细腻的状态，而目前城市基础设施、城市家具、城市公共装备等用以区别导向的行业分类，一方面，容易囿于既定的设计程式、方法与内容，而在城市管理建设中产生由各自行业习惯带来的种种缺陷，另一方面，也容易遗漏发现生活问题的机会。

由此，我们应该站在整体系统的角度，大力推动以消费者为导向的服务型政府管理与设计观念，思辨生活与设计之间的主被动关系，共同聚焦生活需求，突破现有专业边界与领域范畴，以城市生活系统实现的内与外为界面进行设计研究，促使城市公共设施的内容回归到城市生活的海洋中去，建构一种城市生活需求导向下的公共设施分类活化，进而以管理活化的方式，形成更具主动性的城市公共服务产品系统观，促进城市生活品质的建设。

## 第三节　展望未来

随着社会、经济与生活方式的不断发展，新能源技术、信息技术、生物技术、材料技术等新技术的迅速前进，以及新技术与多领域相结合的综合应用，促使现代城市向装备化、数字化、智慧化城市演进，各种新的城市公共服务产品不断涌现。比如，谷歌无人驾驶汽车，旨在防止交通意外、更有效率的交通出行，以及从系统科学控制上减少碳排放量，通过摄像机、雷达传感器、激光测距仪，以及导航地图来实现无人汽车驾驶，迄今已经行驶超过30万英里（约48万公里）；2012年5月8日，美国内华达州机动车辆管理部门为该车辆颁发了首例驾驶许可证，这意味着无人驾驶汽车已经具有成为城市公共服务产品新成员的可能。再如，充电马路，2013年韩国开始测试一条长12公里的充电马路，韩国高等科学技术研究院表示该项目利用"形磁共振"技术，车底配备感应线圈，可将取自地下馈电条的电磁转换成电能，或者将电力储存在电池里，以实现电动大巴车的在线行驶方式。还有，今天我们正在从物联网走向万物互联（Internet of Everything）的时代，一切事物都可能获得语境传感、接受与增强的感知处理能力，而人、信息与移动互联网的一体化，将使我们未来的城市生活发生令人难以置信的变化。

当汽车可以无人驾驶、马路可以充电、万物可以互联时，那么，城市公共设施及其系统将会以何种新的形态和面貌出现？事实上，城市公共设施也正在从过去依附于城市的历史、隐藏于城市的轮廓下走出来，围绕着城市人们的各种生活需求，越来越显示出其与生活紧密相关的重要作用，开始扮演更为重要、更具独立性的角色。

近年来，关于城市公共设施的研究也的确获得了社会各界越来越多的重视，从过去其设计历史的碎片化遭遇，正在逐步完善并形成多层次、多类型、系统化的设计研究体系。随着大数据、云计算、移动互联网、智能分析等技术在城市管理与建设中的不断应用推广，城市公共设施本体系统、外延系统、顶层系统越来越趋向一种整体性系统设计思考，正如，毛光烈先生所说的工业设计正在由传统的主要关注产品本身的创新，转向"产品创新、技术创新、制造模式创新、商业模式创新、品牌创建"五位一体的综合创新。

因此，一方面，在城市生活需求导向下，将进一步形成贯通顶层设计、产品研发、生产制造、市场运营等全产业链的公共设施系统设计；另一方面，在开放的互联网环境下，以消费者为导向的服务型政府管理使得人人设计、系统共享成为现实可能，将进一步助推为大众的城市公共服务产品设计。

最后，需要再次强调的一点是，十八大报告已经明确指引我们要建设美丽中国、美丽城市，这包含着从美化到美丽的过程，是外在美和内在美的统一要求；而国家主席习近平2014年2月26日在北京就建设首善之区提出了涉及城市战略定位、首都核心功能、城市建设质量、城市管理体制、大气污染治理等五点要求，在其第三点要求中指出：要提升城市建设特别是基础设施建设质量，以创造历史、追求艺术的高度负责精神，打造首都建设的精品力作。[1]这也是本书从艺术与设计的视角出发，开展城市公共设施系统设计研究的目标与价值所在。

[1]《习近平在北京考察就建设首善之都提五点要求》，来源于新华网，2014年2月26日，网址为：http://news.xinhuanet.com/2014-02/26/c_119519301_3.htm

# 附录

## 图目录

## 表目录

# 参考文献

## 外文文献


1. Bertalanffy. *General System Theory*. New York: George Breziller，Inc1973.33.
2. Barkow Leibinger. *Atlas of Fabrication*. London: AA Publications，2009.
3. Cf.Mackail. *The Life of William Morris*. London，1899.
4. Clark C. *The Conditions of Economic Progress*. Macmillan. 3rd edition，1957.
5. C.A.Doxiadis. *Ecumenopolis: the Inevitable City of the Future*，Athens Publishing Center，1975.
6. C.Rust. *Design Enquiry: Tacit Knowledge and Invention in Science*. Design Issues，2004.
7. Erens F. Verhulst K. Architecture for product families. Computer in industry，1997.
8. Elizabeth Burton. Lynne Mitchell. *Inclusive Urban Design: Streets for Life*. Briton: architectural Press，2006.
9. Hans M. Wingler. *The Bauhaus: Weima，Dessau，Berlin. Chicago，Cambridge*. MA: The MIT Press，1976.
10. Hajoa. Reijers. *Design and Control of Workflow Processes*，Business Process Management for the Service Industry，Springer，2003.
11. Lucie-Smith，Edward. *A History of Industrial Design*. Oxford: Phaidon Press，1983.
12. Meyer M.H. Lehnerd A.P. *The power of product platforms: Building value and cost leadership*，The Free Press，New York: Moriarty D.E. 1997.
13. Nigel Whitely. *Design for Socity*. Reaction Books Ltd，1998.
14. N.Cross. J.Naughton and D.Walker. *Design Method and Scientific Method*，In: R.Jacques and J.Powell，eds，2004.

15. R.Vernon. *International Investment and International Trade In The Product Cycle*. Quarterly Journal of Economics，May，1966.
16. Richard Sennett. *The Culture of the eye: the Design and Social Life of Cities*. London: Faber and Faber，1991.
17. Raizman，David. *History of Modern Design*. London: Laurence King Publishing，2003.
18. Wolfe，Tom. *From Bauhaus to our house*. New York: Farrar Straus Giroux，1981.

## 译著文献

1. [德] 阿・迈纳. 方法论导论. 王路译. 北京：生活・读书・新知三联书店，1991.
2. [美] 阿兰・B.・雅各布斯. 伟大的街道. 金秋野，王又佳译. 北京：中国建筑工业出版社，2009.
3. [美] 保罗・萨缪尔森. 公共支出的纯理论. 萧琛，等译. 载于经济学与统计学评论. 1954年第36期.
4. [英] 彼得・切克兰德. 系统论的思想与实践. 左晓斯，等译. 北京：华夏出版社，1990.
5. [瑞士] Carl Fingerhuth.向中国学习：城市之道. 张路峰，包志禹译. 北京：中国建筑工业出版社，2007.
6. [美] 戴维・奥斯本，特德・盖布勒. 改革政府——企业精神如何改革着公营部门. 周敦仁译. 上海：上海译文出版社，1996.
7. [美] 丹尼尔・贝尔. 后工业社会的来临. 高铦等译. 北京：新华出版社，1997.
8. [英] 弗兰克・惠特福德. 包豪斯. 林鹤译. 北京：生活・读书・新知三联书店，2001.
9. [法] 格拉夫梅耶尔. 城市社会学. 徐伟民译. 天津：天津人民出版社，2005.

10. [丹] 盖尔. 人性化的城市. 欧阳，徐哲文译. 北京：中国建筑工业出版社，2010.
11. [美] 赫伯特·西蒙. 人工科学. 武夷山译. 北京：商务印书馆，1987.
12. [奥] 赫伯特·林丁格. 包豪斯的继承与批判——乌尔姆造型学院. 胡佑宗，游晓贞译. 台北：亚太图书出版社，2002.
13. [日] 黑川纪章. 新共生思想. 覃力等译. 北京：中国建筑工业出版社，1997.
14. [美] Jonathan Cagan，Craig M. Vogel. 造突破性产品:从产品策略到项目定案的创新. 辛向阳，潘龙译. 北京：机械工业出版社，2004.
15. [法] 居伊·德波. 景观社会. 王昭风译. 南京：南京大学出版社，2006.
16. [美] 杰伊·格林. 设计的创造力. 封帆译. 北京：中信出版社，2011.
17. [美] 凯文·林奇. 城市意象. 方益萍，何晓军译. 北京：华夏出版社，2001.
18. [美] 凯文·林奇. 城市形态. 林庆怡，陈朝晖译. 北京：华夏出版社，2003.
19. [英] 克利夫·芒福汀. 街道与广场. 张永刚，陈卫东译. 中国建筑工业出版社，2004.
20. [美] 科兹纳. 项目管理. 杨爱华译. 北京：电子工业出版社，2010.
21. [美] 刘易斯·芒福德. 城市发展史. 倪文彦，宋俊岭译. 北京：中国建筑工业出版社，1989.
22. [美] 理查德·布坎南，维克多·马格林. 发现设计：设计研究探讨. 周丹丹，刘存译. 南京：江苏美术出版社，2010.
23. [美] 迈克尔·波特. 竞争优势. 陈小悦译. 北京：华夏出版社，2003.
24. [美] 美国项目管理协会. 项目管理知识体系. 王勇，张斌译. 北京：电子工业出版社，2009.

25. [ 法 ] 马克・第亚尼. 非物质社会：后工业世界设计. 滕守尧译. 成都：四川人民出版社，1998.

26. [ 英 ] 马修・赫利. 什么是品牌设计. 胡蓝云译. 北京：中国青年出版社，2009.

27. [ 英 ] 玛丽昂・罗伯茨，克拉拉・格里德. 走向城市设计. 马航，陈馨如译. 北京：中国建筑工业出版社，2009.

28. [ 英 ] 尼古拉斯・佩夫斯纳. 现代设计的先驱者：从威廉.莫里斯到格罗皮乌斯. 王申祜，王晓京译. 北京：中国建筑工业出版社，2004.

29. [ 挪 ] 诺伯特・舒尔茨. 场所精神—迈向建筑现象学. 施植明译. 武汉：华中科技大学出版社，2010.

30. [ 智利 ] 佩德罗・伊格纳西兴・阿隆索. 反思制造. 赵纪军译. 载于新建筑. 2010年第2期.

31. [ 美 ] R.E.帕克，E.N.伯吉斯，R.D.麦肯齐. 城市社会学. 宋俊岭，郑也夫译. 北京：商务印书馆，2012.

32. 世界环境与发展委员会. 我们共同的未来. 王之佳，柯金良译. 长春：吉林人民出版社，1997.

33. [ 法 ] 尚・布希亚. 物体系. 林志明译. 上海：上海人民出版社，2001.

34. [ 美 ] 唐纳德・A.・诺曼. 情感化设计. 付秋芳，程进三译. 北京：电子工业出版社，2005.

35. [ 美 ] 威廉・劳伦斯・纽曼. 社会研究方法：定性研究与定量研究（第5版）. 赫大海译. 北京：中国人民大学出版社，2007.

36. [ 美 ] 维克多・帕帕奈克. 为真实的世界设计. 周博译. 北京：中信出版社，2013.

37. [ 美 ] 西蒙. 关于人为事物的科学. 杨砾译. 北京：解放军出版社，1988 .

38. [ 美 ] 约瑟夫・派恩，詹姆斯・H.・吉尔摩. 体验经济. 夏业良，鲁炜译. 北京：机械工业出版社，2002.

39. [丹麦] 扬·盖尔. 交往与空间. 何人可译. 北京：中国建筑工业出版社，2002.
40. [日] 原研哉. 设计中的设计. 朱鄂译. 济南：山东人民出版社，2008.
41. [美] 詹姆斯·M·布坎南. 民主财政论——财政制度和个人的选择. 穆怀鹏译. 北京：商务印书馆，1993.

## 国内文献

1. 迟福林. 中国基础领域改革. 北京：中国经济出版社，2000.
2. 陈向明. 质的研究方法与社会科学研究. 北京：教育科学出版社，2000.
3. 陈昌盛，蔡跃洲. 中国政府公共服务：体制变迁与地区综合评估. 北京：中国社会科学出版社，2007.
4. 段进著. 城市空间发展论. 南京：江苏科学技术出版社，2006.
5. 党秀云. 民族地区公共服务体系创新研究. 北京：人民出版社，2009.
6. 国务院. 中华人民共和国城乡规划法. 2008年1月1日实施.
7. 高珮义. 城市化发展学原理. 北京：中国财政经济出版社，2009.
8. 洪俊，宁越敏. 城市地理概论. 合肥：安徽科学技术出版社，1983.
9. 何盛明，刘西乾，沈云. 财经大辞典. 北京：中国财政经济出版社，1990.
10. 杭间. 设计的伦理学视野. 载于. 原乡·设计. 重庆大学出版社出版，2009.
11. 康少邦，张宁. 城市社会学. 杭州：浙江人民出版社，1986年。
12. (先秦) 孔子. 论语. 云南教育出版社，2010年。
13. 柳冠中. 工业设计学概论. 哈尔滨：黑龙江科学技术出版社，1997年。
14. 李砚祖. 工艺美术历史研究的自觉. 载于器以载道. 北京：中国摄影出版社，2002.

15. 李峰. 从构成走向产品设计. 北京：中国建筑出版社，2005.
16. （先秦）李耳. 道德经. 长春：吉林大学出版社，2011.
17. 陆雨. 城市公共基础设施与服务的市场化研究——以贵港市城市自来水为例. 载于公共管理与社会发展——第2届全国MPA论坛论文集. 上海，2004.
18. 卢济威. 城市设计机制与创作实践. 南京：东南大学出版社，2005.
19. 陆红. 项目管理. 北京：机械工业出版社，2009.
20. 娄成武，郑文范. 公共事业管理学. 高等教育出版社，2008.
21. 刘永翔. 产品设计. 北京：机械工业出版社，2008.
22. 刘永翔. 产品系统设计. 北京：机械工业出版社，2009.
23. 吕叔湘，丁声树主编. 现代汉语词典. 北京：商务印书馆，2012.
24. 朴昌根. 系统学基础. 上海：上海辞书出版社，2005.
25. 戚昌滋. 现代广义设计科学方法学. 北京：中国建筑工业出版社，1987.
26. 齐康. 城市环境规划设计与方法. 北京：中国建筑工业出版社，1997.
27. 陶德麟，汪信砚. 马克思主义哲学原理. 北京：人民出版社，2010.
28. 王寿云，等. 系统工程名词解释. 北京：科学出版社，1982.
29. 王受之. 世界现代设计史. 北京：中国青年出版社，2002.
30. 王昀，王菁菁. 城市环境设施设计. 上海：上海人民美术出版社，2006.
31. 王昀. 寻找城市性格——杭州城市家具系统化设计. 载于美美与共——杭州美丽城市与中国美术学院共建成果集. 中国美术学院出版社，2011.
32. 王昀. 以设计价值观为导向的研究生教学实践思考. 载于道生悟成——第二届国际艺术设计研究生教学研讨会论文集. 2012.
33. 王菁菁. 设计·责任——从莫里斯、格罗皮乌斯谈起. 载于包豪斯与东方——中国制造与创新设计国际学术会议论文集. 中国美术学院出版社，2011.

34. 吴乃虎. 基因工程原理第二版. 北京：科学出版社，1998.
35. 吴翔. 产品系统设计. 北京：中国轻工业出版社，2000.
36. 吴良镛. 人居环境科学导论. 北京：中国建筑工业出版社，2001.
37. 谢文蕙，邓卫. 城市经济学. 北京：清华大学出版社，1996.
38. 许志国，顾基发，车宏安. 系统科学. 上海：上海科技教育出版社，2000.
39. 徐世芳，李博主编. 地震学辞典. 北京：地震出版社，2000.
40. 徐耀东，张铁. 城市环境设施规划与设计. 北京：化学工业出版社，2013.
41.（清）严可均. 全上古三代秦汉三国六朝文·全梁文. 北京：中华书局，1965.
42. 杨春时，邵光远，刘伟民，张继川. 系统论信息论控制论浅说. 北京：中国广播电视出版社出版，1987.
43. 颜泽贤，范冬萍，张华夏. 系统科学导论：复杂性探索. 北京：人民出版社，2006.
44.（先秦）佚名. 考工记译注. 闻人军译注. 上海：上海古籍出版社，2008.
45. 余明阳，刘春章. 品牌危机管理. 武汉：武汉大学出版社，2008.
46. 左铁峰. 产品设计进阶. 北京：海洋出版社，2008.
47. 中国城市规划设计研究院. 城市规划基本术语标准（GB/T 50280—98）. 1999年2月1日实施.
48. 中国大百科全书总编辑委员会. 中国大百科全书（74卷）. 北京：中国大百科全书出版社，2000.
49. 中国建筑科学研究院. 城市道路照明设计标准（CJJ45—2006）. 2007年7月1日实施.
50. 陈雨. 乌尔姆设计学院的历史价值研究. 江南大学. 博士学位论文，2013.
51. 陈照国. 城市主题文化导向下的公共设施设计研究. 山东轻工业学院. 硕士学位论文，2012年06月.
52. 姜小平. 我国城市公共设施市场化探析. 湖南师范大学. 硕士学位

论文，2010年5月.

53. 吴崇翔. 日用品概念设计方法研究. 湖北工业大学. 硕士学位论文，2012年5月.

## 报刊

1. 陈洁行. 剖析市区“行路难”“停车难”问题. 载于杭州科技. 2004年01期.
2. 陈相明，何克祥. 城市公共设施管理存在的问题与对策研究. 载于理论前沿. 2007年18期.
3. 陈雪娟. 为啥美国公共设施建设不惜“浪费”. 载于羊城晚报. 2013年1月19日. B5版.
4. 曹昌. 救灾，从完善城市公共装备开始. 载于中国经济论坛. 2010年19期.
5. 车明阳. 设计思维驱动社会创新. 载于21世纪经济报道. 2013年9月13日.
6. 邓国芳. 加快公共自行车交通系统建设 切实解决公交最后一公里问题. 载于杭州日报. 2008年3月21日.
7. 方晓风. 民生设计刍议. 载于装饰. 2008年186期.
8. 杭州市发展研究中心. 提高生活品质需要城市各领域和谐发展. 载于杭州（下半月）. 2009年11期.
9. 韩丽荣，郑丽. 注册会计师审计业务与相关服务业务性质探讨. 载于财会通讯. 2011年9月.
10. 巨乃岐，王建军. 究竟什么是价值——价值概念的广义解读. 载于天中学刊. 第24卷1期. 2009年2月.
11. 金天泽，郑磊琦. 教育技术——教育中的现代服务业. 载于价值工程. 2011年7月.
12. 李冬. 服务设计研究初探. 载于机械设计与研究. 2008年06期.
13. 李政，张赟，顾浩. 复杂金融产品的设计方法. 载于商场现代化. 2009年18期.

14. 李正浩. 城市公共自行车租赁站远期发展规模分析. 载于交通节能与环保. 2010年6月.
15. 李立新. 价值论:设计研究的新视角. 载于南京艺术学院学报（美术与设计版）. 2011年02期.
16. 刘新. 无言的服务，无声的命令——公共设施系统设计. 载于北京规划建设. 2006年03期.
17. 刘顺辉. 加强城市综合减灾管理完善应急设备设施配置. 载于中国建设报. 2010年9月28日.
18. 刘勇. 城市基础设施经营模式探析. 载于中国集体经济. 2010年22期.
19. 连锋，韩春明. 浅谈城市公共设施设计的基本原则. 载于科技经济市场. 2007年01期.
20. 马云林，吴蕙. 浅析城市发展的历程. 载于中国市场. 2012年1期.
21. 欧燕萍，范东升. 杭州如何顺畅“呼吸”—民进市委会建议全力推进立体绿化. 载于联谊报. 2010年12月4日.
22. 潘昌新，李以芬. 系统论与唯物辩证法的关系新探. 载于山东工业大学学报（社会科学版）. 1999年2期.
23. 王昀. 产品的体验. 载于新设计. 中国美术学院出版社，2007年9月第1版.
24. 王昀. 设计的道理——从2011届中国美术学院工业设计毕业创作谈起. 载于装饰. 2011年8月.
25. 王婷. 杭州，与美共舞. 载于浙江日报. 2011年05月13日.
26. 吴昊. 德国公共设施设计理念探讨. 载于艺术与设计（理论）. 2010年02期.
27. 吴文良，任敏. 让立体绿化增强城市的呼吸功能. 载于杭州（下旬刊）. 2010年11月.
28. 许敬红，钱艳芳. 现代城市发展新思路——三分建设、七分管理、十分经营. 载于城市开发. 2002年08期.
29. 徐巨洲. 中国当代城市规划进入了一个大转折时期. 载于城市规划，1999年10期.

30. 徐清海. 城市公共设施服务模式的选择和理念的创新. 载于特区经济. 2006年06期.
31. 徐燕. 质的研究与量的研究孰轻孰重. 载于科技信息（学术研究）. 2008年2期.
32. 徐红梅. 物蕴智，智启心——从包豪斯作品入藏杭州说起. 载于人民日报. 2011年11月20日 08 版.
33. 许成安，戴枫. 城市化本质及路径选择. 载于淮阴师范学院学报（哲学社会科学版）. 2002年04期.
34. 许平. 公共服务设计机制的审视与探讨——以内地三城市“设计为人民服务”活动为例. 载于装饰. 2010年6月.
35. 姚遥，周扬军. 杭州市公共自行车系统规划. 载于城市交通. 2009年4期.
36. 杨东峰，毛其智. 城市化与可持续性：如何实现共赢. 载于城市规划. 2011年3期.
37. 赵润琦. “五行”学说是朴素的系统论. 载于西北大学学报（哲学社会科学版）. 1998年2期.

# 后 记
## Afterword

笔者长期埋头于各种各样的设计实践工作之中，很少有停下来静心思考的时间，这次写作是一次梳理设计与实践的机会，也是一次阶段性的自我总结。

迄今依然记得在8年前的一次学术交流场景，中国美术学院宋建明教授说："十年磨一剑，而后著书立说"，然而，事实上本文仅仅只是完成了一次城市公共设施设计领域的系统梳理，距离真正意义上的著书立说相去甚远，深感惭愧。正如屈原在《离骚》中所言："路漫漫其修远兮，吾将上下而求索"，书稿的完成只代表着一个阶段工作的结束，未来尚需不断努力前行。

在此，感谢宋建明教授、吴海燕教授、郑巨欣教授诚挚而中肯的指导。

感谢杭间教授于百忙之中给予的热心而无私的帮助。

感谢殷正声教授、许平教授热情而友好的关怀。

感谢我的妻子王菁菁在我攻读博士学位期间从家庭事务到学校工作的全面帮助，感谢陶然、陈崇舜、连冕等同仁的大力支持。

感谢设计学院领导与同事在本人撰写书稿期间给予的工作支持与宽容，感谢研究生处领导与同事对本人的友情提醒与督促。

感谢中国建筑工业出版社李东禧先生、唐旭女士及陈仁杰女士等同志认真而细致的帮助。

最后，感谢所有关心我、帮助我的人们。